中华文化元素
ZHONGHUA WENHUA YUANSU

冯天瑜　姚伟钧　主编

茶 CHA

关剑平　著

長春出版社
国家一级出版社
全国百佳图书出版单位

图书在版编目（CIP）数据

茶 / 关剑平著．— 长春 ：长春出版社，2016.12（2020.1 重印）
（中华文化元素丛书 / 冯天瑜，姚伟钧主编）
ISBN 978-7-5445-4681-2

Ⅰ．①茶… Ⅱ．①关… Ⅲ．①茶文化－中国 Ⅳ．
①TS971.21

中国版本图书馆 CIP 数据核字（2016）第 282197 号

茶

著　　者：关剑平
责任编辑：黄立芹　胡　新
封面设计：王国擎

出　　版：長春出版社　　总编室电话：0431-88563443
地　　址：吉林省长春市长春大街 309 号　　发行部电话：0431-88561180
邮　　编：130061
网　　址：http://www.cccbs.net
制　　版：长春出版社美术设计制作中心
印　　刷：长春天行健印刷有限公司

开　　本：787 毫米 ×1092 毫米　1/16
字　　数：154 千字
印　　张：19
版　　次：2016 年 12 月第 1 版
印　　次：2020 年 1 月第 2 次印刷
定　　价：58.00 元

总　序

一

由别具慧眼的长春出版社策划的本丛书，以蕴含中华文化元素的诸事象为描述对象，试图昭显中华文化的特质、流变和前行方向。

"元"意谓本源、本根，"素"意谓未被分割的基本质素，合为二字词"元素"，原为化学术语，本义是具有相同核电荷数（即相同质子数）的同一类原子的总称，如非金属元素氧（O）、金属元素铁（Fe），是组成具体自然物——氧化铁（Fe_2O_3）的基本质素。

作为化学术语的汉字词"元素"，由日本江户时代的兰学家宇田川榕庵（1798—1845）在所著《植学启原》(1834)和所译《舍密开宗》(1837)

中创制，是对荷兰语 grondstof 的意译。清末来华的美国长老派传教士丁韪良（1827—1916）在《格物入门》（1868）中创汉字词“原质”，意译同一西洋术语（英文为 element）。清末民初，汉字词“元素”自日本传入中国，逐渐取代“原质”。1915 年，中国科学社董事会会长任鸿隽（1886—1961）在《科学》杂志第一卷第二号上发表《化学元素命名说》，为中国较早使用“元素”一词的案例。[①]

在现代语用实践中，“元素”这一自然科学术语被广为借用，泛指构成事物的基元，这些基元及其组合方式决定事物的属性。“文化元素”指历史上形成并演化着的诸文化事象中蕴藏的富于特色、决定文化性质的构成要素。

本丛书论涉的“中华文化元素”，约指中华民族在千百年的历史进程中（包括在与外域文化的交融中）铸造的具有中国气派、中国风格、中国韵味的基本质素，诸如阴阳和谐、五行相生相克、家国天下情怀、民本思想、忧患意识、经验理性导引下的理论与技术、儒释道三教共弘的非排他性信仰系统、区别于拼音文字的形义文字及其汉字文化，等等。它们生长发育于中华民族生活方式、思维方式的运行之间，蕴藏于器物文化、制度文化、行为文化（风俗习惯）和观念文化的

①聂长顺，肖桂田：《近代化学术语元素之厘定》，《武汉大学学报》（人文科学版）2010 年第 6 期。

纷繁具象之中，并为海内外华人所认同。

二

文化的各个不同级次、不同门类包含着各具个性的中华元素。如水墨画的书画同源、墨分五色，武术的技艺合一、刚柔相济、讲究武德，园林的天然雅趣和“可居可游可赏”追求，民间风俗文化涵泳的吉祥、灵动、热烈、圆满，建筑中使用“中国红”（体现生命张力）、中轴线、对称与不对称美感，等等。

汉字及汉字文化是中华元素的一个案例。

世界各种文字都是从象形文字进化而来，多数文字从象形走向拼音，而汉字则从象形走向表意与表音相结合的“意音文字”，近有学者将汉字归为“拼义文字”，即注重语义拼合的文字：首先创造多个视觉符号作为表达万象世界的基本概念，然后将这些符号组合起来，用小的意义单位拼合成大的意义单位，表达新事物、新概念。[①]

自成一格的汉字创发于中国，是世界上仅存的生命力盎然的古文字，它主要传播于东亚，成为东亚诸国间物质文化、制度文化和精神文化互动的语文载体。在古代，中国长期是朝鲜、

①张学新:《汉字拼义理论：心理学对汉字本质的新定性》,《华南师范大学学报》(社会科学版)2011年第4期。

日本等东亚国家的文化供给源地；至近代，日本以汉字译介西方文化，成效卓异，日制汉字词中国多有引入。汉字在汉字文化圈诸国所起的作用，相当于拉丁文在欧洲诸国所起的作用，故有学者将汉字称为“东亚的拉丁文”。汉字是中华文化系统中影响最为深远广大的文化符号。

20世纪初，日本学者内藤湖南（1866—1934）提出“中国文化圈”概念，指以中国为文化源及受中国文化影响的东亚地区，日本是“中国文化圈的一员”，他在《中国上古史》中说：“所谓的东洋史，就是中国文化发展的历史”，是以汉字为载体的中国文化在东亚地区传播的历史。①此论阐发了汉字这一中华元素在东亚文化圈的重要意义。

中国人在20世纪30年代即对日本学者提出的东洋文化史观做出回应，傅斯年（1896—1950）在1933年著《夷夏东西说》，概括东亚文化的特别成分：

> 汉字、儒教、教育制度、律令制、佛教、技术。②

这是中国学者对东亚文化圈的要素即“中华元素”做出的提取。

承袭内藤说，日本的中国史学家西嶋定生

①［日］内藤湖南：《中国上古史》，《内藤湖南全集》卷十，东京：筑摩书房，1997年。

②傅斯年：《夷夏东西说》，《中央研究院历史语言研究所集刊》外编第一种，1933年。

（1919—1988）在二战后所著《东亚世界与册封体制——6—8世纪的东亚》中指出，东亚世界存在一个以中国为册封中心，周边诸国（日本、朝鲜）为册封对象的“册封体制”，从而提出东亚地区的一种“文化圈”模型。西嶋定生在《东亚世界的形成》中概括汉字文化圈的诸要素（或称“中华元素”）：

> 一、汉字文化，二、儒教，三、律令制，四、佛教等四项。其中，汉字文化是中国创造的文字，但汉字不只使用于中国，也传到与其语言有别又还不知使用文字的邻近诸民族……而其他三项，即儒教、律令制、佛教，也都以汉字作为媒介，在这个世界里扩大起来。[①]

1985年，法国汉学家汪德迈在《新汉文化圈》一书中论述“汉文化圈”的特点：

> 它不同于印度教、伊斯兰教各国，内聚力来自宗教的力量；它又不同于拉丁语系或盎格鲁－撒克逊语系各国，由共同的母语派生出各国的民族语言，这一区域的共同文化根基源自萌生于中国而通用于四邻的汉字。[②]

①［日］西嶋定生：《东亚世界的形成》，参见刘俊文主编，高明士等译：《日本学者研究中国史论著选译》第二卷，中华书局1993年，第88页。

②［法］汪德迈：《新汉文化圈》，陈彦译，江西人民出版社1993年，第1页。

这里着重表述“中华元素”之一种——汉字的功能，汉字深刻影响东亚人的思维方式和表达方式，使汉字文化圈成为一个有着强劲生命活力的文化存在。

三

“中华元素”并非凝固不变、自我封闭的系统，它具有历史承袭性、稳定性，因而是经典的；具有随时推衍的变异性、革命性，因而又是时代的，2008年北京奥运会开幕式表演突显四大发明，2010年上海世博会中国馆采用中国红，皆为古老的中华元素的现代展现；中华元素是在世界视野观照下、在与外域元素（如英国元素、印度元素、日本元素、印第安元素）相比较中得以昭显的，故是民族的也是国际的，是中国的也是世界的。美国好莱坞动画片《功夫熊猫》《花木兰》演绎中华元素并获得成功，便是一个例证。

文化元素并非游离于文化事象之外的神秘存在，它们从来都与民族、民俗、民间的文化实践相共生，始终附丽并体现于器物、制度、风俗诸方面的具体文化事象和文化符号之中。中华元素之于文化事象，如魂之附体，影之随形，须臾不可分离。从诸文化事象（如江南园林、八大菜系、春节中秋等节庆、书画篆刻、昆曲京剧、武当少林功夫）的生动展现中提取中华元素的魂魄，昭显大众喜闻乐见的文化符号（如深蕴和谐精义的太极八卦图，代表四方、四季的“四灵”——青龙、白虎、朱雀、玄武，代表中央的麒麟）包蕴的精义，是本丛书的使命。

本丛书由阐发体现中华元素的若干文化事象（如园林、饮食、节庆、书画、宫殿、戏曲、服饰、汉字、武术、钱币、宗族、书院、姓名、茶等）的系列作品组成。

中华元素是构建当代中国文化及其核心价值体系的基本成分之一，是塑造国家形象、提升国民精神的重要资源。开掘并弘扬中华元素，有助于加深中国文化对国人的感召力、亲和力，增强历史敬畏感和时代使命感，提升民族自信心和文化传承创新的自觉性。

抉发中华元素还有一层意义：通过蕴藏中华元素的文化事象、文化符号，彰显可亲可敬的中国风格，奉献给异域受众，增进国际传播，推动中国文化“走出去”。

本丛书的选题及其撰写沿着“即器即道”的文化史路数，避免一味虚玄论道，也不停留于文化现象的就事论事，而追求道器结合——于形下之器透现形上之道，又让形上之道坐实于形下之器，使中华元素从文化事象娓娓道来的展示中得以昭显。

冯天瑜

2016 年 10 月

于武汉大学中国传统文化研究中心

前　言

茶文化指人类社会历史实践过程中围绕着茶叶创造的物质财富和精神财富的总和。

茶文化与大量的学科、行业密切相关。在自然科学范畴，技术方面与农学、食品加工学、食品化学、烹饪学等学科，与栽培、食品制造、烹饪等行业相关；在人体方面与食品卫生学、医学、营养学、生理学等学科，事关健康、味觉、生理等方面。在社会科学范畴，经济方面有经济学、流通学等学科，与品种推介、供需、物流等相关；生活方面与心理学、生态学、民族学、历史学、考古学、民俗学等学科，饮食习惯、价值观、饮食行为等相关。因此对于学术界来说，茶文化是一个横向应用型学科，具有在学术研究与专业教育中涉及大量的基础理论学科与其他应用学科的特点。

这个特点也体现在本书的体例上。约占全书一半篇幅的茶史部分是从茶文化的起源到清代的通史。本书没有采用历史学的朝代分期，为了概览茶文化的历史，使用了独特的时代划分法展开论述。剩下一半的篇幅讨论了茶叶、茶器、茶艺、茶礼等茶文化的几个基本问题，立足点是今天的茶文化，或者是今天特别发达的内容，或者是今天要重点建设的方面。

众所周知，茶叶是世界三大非酒精类饮料之一，茶文化充分发展并世人瞩目的是日本和英国。日本茶道的唯美特征可以通过最直观的视觉瞬间轻而易举地征服任何民族，在震撼、折服之余承认其在世界茶文化中的权威性与代表性也就顺理成章了。然后，深入的学术研究又为感官的感受提供了理性的支持，最具总结性的成果就是日本著名哲学家久松真一的《日本的文化使命与茶道》。他视茶道为日本固有文化，把茶道定位为日本特有的综合文化体系，认为没有茶道就没有日本文化，事实上把茶文化作为日本文化的元素。而英国依托殖民地，奠定了当今世界的茶叶消费格局，掌控着世界茶叶品牌。

用审视日、英茶文化的眼光看中国，中国的茶文化黯然失色。于是出现的比较普遍的现象，或者虚无气馁，不知所措；或者偷换时间概念，论证中国也有高度精神化的茶文化；或者试图通过日本茶道以中国茶文化为基础的发展特征而强调中国对茶文化的所有权。但是我们所说的文化虽然形成于历史上，着眼点却是现在，指今天展示给世界的茶文化，毫无疑问日本茶道在礼仪世界的展开独一无二，英国的茶叶品牌建设主导世界茶叶市场。但是中国的茶文化同样举世无双，因为中国开发了无法枚举的茶叶品种。按照久松真一的说法，茶道将日本人的举止洗练为稳重的美，给予日本人宗教的深层慰藉。按照今天的市场统计，英国把控茶叶品牌，取得可观的经济利益。那么中国丰富的制茶技术以及由此生产的众多的茶叶品种给人类提供了身心的愉悦和健康。无论是深究日本茶道，还是追踪英国茶产业，追本溯源必定通向中国茶文化，中国提供了日、英茶文化的基本元素。回过头来看茶文化的学科、社会区分可以发现，中国茶文化的突出之处在技术方面，表现为丰富而变幻莫测的茶叶种类；日本茶文化的突出之处在意识形态上，表现为端庄美丽的茶道；英国茶文化则以经济见长，开拓世界茶叶市场；而美国茶文化的发展标志则更多地体现在以最前沿的科学手段研究茶叶，开发崭新的茶叶延伸产品。

早在魏晋南北朝（也许更早）时期就出现了对于饮茶者愉悦体验的感叹，比如《神农食经》说："茶茗久服，令人有力悦志。"《华佗食论》说：

"苦茶久食益意思。"晋代刘琨在《与兄子南兖州刺史演书》中说："吾体中溃闷，常仰真茶，汝可置之。"这些都强调了饮茶有助于思考，令人神清气爽的功效。《续名僧传》把饮茶与释法瑶的长寿联系起来，强调茶"延年"的功效。这些功能效果可以从现代对于茶叶的生化分析中找到依据。

壶居士《食忌》记载："苦茶久食羽化。"陶弘景《杂录》曰："苦茶轻身换骨，昔丹丘子、黄山君服之。"饮茶是通向道教最高境界的羽化登仙的媒介。在信奉"科学主义"的今天，会从茶叶分解脂肪功能的角度进行阐释，但是古人根据的是经验和感觉。

从两晋更迭的317年开始计算，九百年后，中国茶文化完成了跨海的传播，日本第一部茶书——荣西（1141–1215）著述的《吃茶养生记》（1211年成书），论证日本人饮茶的合理性成为首要任务，切入点就是健康。"茶也，养生之仙药也，延龄之妙术也。山谷生之，其地神灵也；人伦采之，其人长命也。"茶在改换了地理空间之后，再次回到了神仙道教的世界，养生思想成为茶文化的中流砥柱，并且"五藏中心藏为主乎，建立心藏之方吃茶是妙术也"。在技术性思维中把茶定位为补养最主要的心脏的灵丹妙药。"天竺、唐土同贵重之，我朝日本曾嗜爱矣，古今奇特仙药也，不可不摘乎"。作为僧人、为了佛教信仰，不得不提印度；为了弱化抵触情绪，强调日本过去也曾利用茶，事实上在日本平安时代前期曾经有过短暂而辉煌的茶文化传播成果，即所谓“弘仁茶风”；而现实的根本立足点则是中国的经验。“实印土耆婆往而隔二千余年，末世之血脉谁问乎？汉家神农隐而送三千余岁，近代之药味讵理乎？”

再过四百来年，跨洋的茶的传播成果出现了，欧洲和美洲先后接受了中国的饮茶生活，而其关注的焦点仍然是健康。[①]基歇尔（Athanasius Kircher，1602—1680）是17世纪德国著名的耶稣会士和学者。他兴趣广泛，知识广博，仅拉丁文著作就有40多部。有人说，他是“自然科学家、物理学家、天文学家、机械学家、哲学家、建筑学家、数学家、历史学家、地理学家、东方学家、音乐学家、作曲家、诗人”（G. J. Rasen Kranz），有时被称为“最后的一个文艺复兴人物”。[②]基歇尔在《中国图说》中，对中国茶有详细的记载。基歇尔本人虽没有到过中国，但是有饮用中国茶的体验，他详细、准确的记载反映了当时欧洲已经相当完整地掌握了中国茶的信息。关于茶叶的功效，基歇尔实际感受到了利尿、提神醒脑、缓解压力、提高工作效率、预防痛风和结石、帮助消化。进而基歇尔对当时的新兴饮料也是当今世界的三大非酒精类饮料的巧克力、咖啡、茶展开了比较，结论是尽管功效相同，但是茶性味温和，没有副

①关剑平：《关于饮茶影响健康的历史人类学研究——中英茶文化比较论》，《多元文化中的科学史——第十届国际东亚科学史会议论文集》，上海：上海交通大学出版社，2005年。
②《简明大不列颠百科全书》第4卷，北京：中国大百科全书出版社，1988年，第173—174页。

作用，可以无限畅饮而独占鳌头。随着茶走向世界，在前所未有的全球性的竞争环境中茶再一次脱颖而出，即便在汇集了世界上最普遍接受的非酒精饮料的欧洲也同样出类拔萃，西晋张载“芳茶冠六清，溢味播九区”的价值认识不再局限于中国，已经属于世界。

中国人以积极、乐观的精神开发、享受、传播了茶文化，今天仍然是世界茶文化的基因库。对于中国街头提着再利用的玻璃瓶饮茶的景观已经熟视无睹了吧？这就是全民饮茶的真实写照。茶对于中国、对于人类的价值难以估量！

目　　录

目　　录

第一章　茶　史

茶是一种全球性的饮料，但是茶叶的全球化经历了一个漫长的过程，这个过程以时间为经，以空间为纬，构成立体的茶的历史。

魏晋时期，作为南方生活文化的典型代表——茶文化被中原接受。至唐代，茶圣陆羽的《茶经》建立了传统茶学理论，茶文化得到了前所未有的发展。到宋代，伴随着城市化以及市民阶层的崛起，茶文化在强大的消费力的支持下走向精致。元代蒙古族入主中原，中国文化发生了方向性的变化。明代在立国之初就宣告放弃唐宋末茶，茶叶从此迈开了近代化步伐。清朝，茶文化进一步平民化、社会化、娱乐化。

第一节　神农开源

任何文化都有起源问题，茶文化自然不例外，尤其在历史研究中，必然首先要探讨起源问题。在讨论茶文化起源问题时，经常出现把茶树的原产地与饮茶习俗的起源混淆起来的问题，因此不得不首先说明一下茶树的起源。照叶树林文化要素的归纳对于理解茶文化起源具有重要意义，而最被津津乐道的则是神农尝百草的故事。事实上茶饮确实源自道教养生的药物。

一　云南是茶树原生地的中心

茶文化作为物质文化直接建立在茶叶这个物质资源之上，但是拥有物质资源与拥有文化结晶之间没有必然的因果关系。鉴于茶叶资源与茶文化密切而复杂的关系，再加上尽管茶树的起源属于自然抉择的结果，而茶文化的起源是人文创造的产物，却经常被等同起来，造成了一定的混乱，因此有必要在阐述茶文化起源问题之前先说明一下茶树的起源。

在印度发现野生茶树之前，植物学家都自然而然地把世界饮茶文化之源的中国作为茶树的原产地。在印度发现野生茶树是对传统认识的强烈冲击，由此进一步推动了茶树原产地研究。因为时代学术发展水平的局限性，研究者或者以野生茶树的分布为依据，或者以历史文献为依据，以千百年前的资料论证千百万年前的事实，其局限性不言而喻。解开茶树原产地的钥匙应该在以研究植物为主的自然科学家的手中。目前，植物学界证明一个地方是某种植物的起源中心的依据是在该地出土的该植物化石，并且该地仍然是该植物物种的多样性中心。

但是，至今没有发现茶树的化石，只能间接推论。在云南景谷县发现了渐新世（大约开始于 3400 万年前，终于 2300 万年前）景谷植物群化石，其中有宽叶木兰。而在野生茶树分布最集中的景谷、临沧、沧源、澜沧、景东、梁河、腾冲等云南西南地区发现了晚于宽叶木兰的中新世（开始于 2300 万年前，终于 533 万年前）的中华木兰的化石。云南省地矿局区域地质调查所的何昌祥在《从木兰化石论茶树起源和原产地》中分析比较了茶树与古木兰真叶形态特征、宽叶木兰的发生与发展以及野生大茶树群落的生态环境和生物地理分布区系特征后指出，生长在云南西南部的野生茶树可能是由本地区第三纪宽叶木兰经过中华木兰进化而来，同时在没有遭受到第四纪更新世（从2588000年前到11700年前）多起毁灭性冰川活动袭击的环境下，茶树得以生存和发展，因此推测云南西南部是茶树的起源地。[①]

云南是木兰科和山茶科植物的分布中心。据《中国树木志》第一卷中的资料记载，分布在我国的现代木兰植物有11属90余种，其中云南有9属38种之多，而滇西南地区就占了5属13种。云南的北回归线两侧也是山茶科植物的集中分布区，全世界23个属的山茶科植物中，云南有14个属。云南还是茶树种群和野生茶树分布最集中的地区。云南野生茶树含有茶组植物大多数的种和变种，在植物学家张宏达分类系统的37个种3个变种中，云南有31个种2个变种，占82.5%，其中最原始的大厂茶、厚轴茶和大理茶等在云南东南部和南部分布最多，这是植物原产地物种在地域分布上最显著的特点。[②]而云南东部、东北部、滇川黔交界地区的野生大茶树则是第四纪冰川后期由滇西南地区向四周自然迁徙或借助于其他媒介传播的结果。

20世纪后期，相关的科学研究丰富起来。中日学者从细胞遗传学、形态学、同工酶谱、生化成分等多个角度展开研究，结果都是支持云贵

① 何昌祥：《从木兰化石论茶树起源和原产地》，《农业考古》1997年第2期。
② 王平盛，虞富莲：《中国野生大茶树的地理分布、多样性及其利用价值》，《茶叶科学》2002年第22期。

图 1-1 西双版纳傣族自治州勐海县西定哈尼族布朗族乡贺松村大黑山大理茶种野生茶树

树基部围 3.2 米，树高 32.12 米，据说树龄为 1700 年。2013 年 9 月 27 日因根部枯腐，整株自然倒伏

高原的云南是茶树的原产地。进入 21 世纪，中国学者使用分子生物学技术，从 DNA 层面论证了云南是茶树原产地。①原始的茶树是乔木型的大叶种【图 1-1】，而现在世界各地栽培的茶树从形态、习性到物质的代谢积累，都存在较大的差异。这是因为茶树在漫长的传播过程中，被风土驯化所致。茶树从原产地出发，向西南传到印

① 陈亮，杨亚军，虞富莲：《应用 RAPD 标记进行茶树优异种质遗传多态性、亲缘关系分析与分子鉴别》，《分子植物育种》2004 年第 03 期。

度、缅甸、泰国等南亚诸国，那里气候温暖潮湿，所以保持着大叶种的特征和特性，在分类上大叶种可分为云南变种、阿萨姆变种、伊洛瓦底变种、掸邦变种等；向东沿长江传至我国华中、华东地区，由于气候逐渐寒冷，茶树演变成小乔木或灌木型的中、小叶种，分类上称为中国变种【图 1–2】。世界各地茶树所存在的差异，符合生物进化由低级到高级、由简单到复杂、由抗性弱到抗性强的发展规律。所以现在大叶种茶树都生长在气候温暖潮湿的亚热带或热带地区，小叶种茶树则生长在冬季较为寒冷的亚热带地区。如果植物学理论不发生革命性的变革，就无法动摇中国是茶树原产地的假说。

图 1–2 龙井茶园

二 照叶树林文化对于茶叶的开发利用

日本学者在研究日本茶文化起源时，提出了照叶树林文化的概念，茶树原产地与饮茶文化的起源问题得到了一个共同的观照视角。

照叶树林是指树叶闪闪发光的常绿乔木，茶树就是其中之一。照叶树林带分布在西起喜马拉雅山南麓腹地，经过印度的阿萨姆、中国的云贵高原和江南山地以及东南亚北部山地，直到日本西南部。以云贵高原为中心，西起印度阿萨姆，东迄中国湖南的月牙形地带即为东亚半月弧，照叶树林文化特征在这里表现得尤为突出。

照叶树林文化论是在人文社会科学与自然科学的综合研究中形成的文化理论，其构建基础除了民俗学和民族学理论以外，更具特色的是建立在植物生态学、作物学成果之上。生活在这一地区的众多民族拥有许多共同的文化要素，茶树的利用就是其中之一。

照叶树林地带采用各种方法加工茶叶，不仅作为饮料饮用，还加工成各种食品食用【图1-3】。从老挝西北部经过云南南部、泰国北部到缅甸有多种食用的茶叶食品。文化人类学的文化圈理论认为，在文化中心的周边保存着中心以往的文化，于是一些研究者在考察东南亚北部与云南的食用茶之后，认定这就是古老饮茶习俗的遗存，饮茶的食用起源说伴随着中国少数民族起

图 1-3 基诺族凉拌茶（姚国坤摄）

源说产生了。但是，没有制茶技术，茶树鲜叶成不了茶叶，有茶树生长地也成不了饮茶的地区。在文化中心的周边地区保存着中心以往的文化是一种相当普遍的现象，但是具体现象的确认需要具体的证据，目前为止没有发现古代中原人像东南亚或云南少数民族那样食用茶叶的史料。并且，文化传播与水流一样，从高处向低处流，少数民族文化为文化高度发达的汉族所接受违反常规，何况根据唐末编撰的《蛮书》里的史料，在唐代的云南尚无成熟的制茶技术。

事实上完全没必要硬把各种茶叶的应用方式联系在一起，编制出一个完美的谱系。因为对于植物自有其不同的利用方法，这是民族植物学的基本主张。虽然同样生活在照叶树林地带，同属照叶树林文化，但是各民族的基础文化仍有差异。而且伴随着历史的发展，文化差异越来越大，照叶树林文化自身也发生了分化，今天所看到的民族、政治格局就是这一分化的历史产物。茶叶丰富的利用方法就是这一民族植物学基本理论的一个非常典型的事例。食用茶与饮用茶拥有各自的传统，但是随着茶叶作为饮料被世界广泛接受，食用茶的存在空间越来越小。

三　饮茶的药用起源说

云贵高原位于中国西南部，云南省哀牢山以东和中国东南丘陵以西，包括云南省东部，贵州省全境，广西西北部和渝、川、湘、鄂边境，其相关延伸部分包括老挝北部、缅甸东北部的掸邦高原和泰国北部。各种茶树起源说多离不开这个范围，根据最新的研究成果，云南西南部因为在剧烈的地质变化中成为茶树的乐园，邻近的云贵高原是茶树的第一个传播区域，因此这里的茶树也具有悠久的生长历史。在这块土地上孕育了茶叶的食用法，而茶树向北传播到四川时，与巴蜀文化复合，产生茶叶的饮用法。文化传播的普遍原则就是在文化边缘地区容易发生文化变异，因此茶文化起源于四川不是单纯的巧合。照叶树林地带丰富的茶树资源在四川遇到了不同于云南、缅甸、泰国、越南等地的崭新的需求、技术与认识，简单地说，就是遇到了以神仙思想为背景的制药技术，由此茶叶使用制药技术加工，为了羽化登仙而饮用，逐渐发展为现在的茶文化。

以上是民族植物学的调查结果，而在中国古代则有一个民俗学的解释。唐代陆羽以《神农食经》为依据，主张“茶之为饮，发乎神农氏”（《茶经》卷下《六之饮》），提出了神农起源说。《神农食经》现已失传，我们无从评说。到了清代又出现了直接支持神农起源说的史料，孙壁文《新义录》说：“《本草》则曰：神农尝百草，一日而遇七十毒，得茶以解之。”神农氏是中国的农业、药业之神，这个神话传说不仅暗示了发现茶叶的曲折过程，而且准确传达了古人对于茶叶保健功能的认识，药用起源说由此诞生。

茶作为嗜好饮料出现之初，就已经具备了相当成熟的加工技术，有些突如其来的感觉。确实，传统文化一般都是在不知不觉中形成的，因此没有有意识地保存相关资料。等到确立并发展到一定程度之后，开始反省自己的文化，这时才关注其形成过程，但是远古的记忆即便幸运地保存在神话传说中也已经被改造得面目全非，发掘其中的真实内容如同沙里淘金。对于制茶技术来源的探究，可以更加切实地证明饮茶的起源。

从利用方法上看，茶叶旨在提取利用其中的有效成分，这一点与利用纤维果腹的饮食有着原则的区别，而与药物却完全一致。从中药炮制学的角度看，制茶与中药炮制的原理一致，加工的过程与目的相同，效果完全一致。茶叶通过加工，固定了一些成分，也生成了一些新的成分，现代绿茶 104 种芳香物质中，58 种是在加工过程中产生的，可见制茶技术的重要性。尤其末茶的烹点与中药药剂学的原理、技术乃至所使用的工具都相同。

从中药炮制学的观点来看，中药炮制过程中，加热的作用是多方面的：一、可以破坏植物内的酶，阻止进一步发生化学反应，固定其性质；二、可以使产生的有效成分充分溶解出来；三、可以通过高温急剧加热和迅速冷却使植物组织变得膨胀酥松干脆，易于粉碎。制茶与中药炮制的原理一致，加工的过程与目的相同。此外，炮制过程也便于制剂、储藏和服用。茶叶的制造加工同样如此，末茶的毛茶（鲜叶初制后的最终产品，日本抹茶中称之为碾茶）是进一步粉碎后饮用的前提，当然至少要加工成毛茶才能储存。

制茶与制药还存在目的与效果的一致性。杀

青同样是通过破坏鲜叶中的酶而阻止化学变化，绿茶的杀青在茶叶发酵之前进行，因此完全阻止了茶叶的发酵，把茶叶的性质固定在未发酵的阶段，是不发酵茶。青茶是在茶叶部分发酵之后杀青，阻止了茶叶的进一步发酵，固定了其半发酵的性质，形成了青茶最根本的特征。据日本研究香气的专家山西贞教授的总结，从日本的蒸青绿茶中分析出来的 5- 甲基糠醛、11 种碳氢化合物和 19 种吡嗪类化合物，都是新鲜茶叶中所没有的成分。叶绿素不溶于水，在杀青时，加热分解叶绿体使叶绿素水解成亲水性的叶绿酸和叶醇，是构成茶汤色泽和滋味的重要因素。在加热过程中，还产生了绿茶重要的香气成分——二甲硫，部分蛋白酶分解蛋白质形成多肽，随着温度继续升高，蛋白质变性凝固，结合较弱的侧链容易裂解成可溶性的氨基酸，与儿茶素水解所引发的变化一样，成为鲜爽醇厚滋味的来源。甙的水解则使苦味消失。加热、揉捻等工序破坏了茶叶细胞，便于以茶多酚为代表的有效成分快速、最大限度地浸出。

从中药药剂学而论，末茶的烹点与中药药剂学的原理、技术乃至所使用的工具都相同。根据中医临床用药的要求，中药药料的性质以及生产、贮藏、运输、携带、服用等方面的需要，将中药制备成适宜的剂型。汤剂是历史最悠久、应用最广泛的剂型。适应中医辨证施治、随症加减的原则，具有制备简单易行、溶媒来源广、无刺激性和不良反应、吸收快、迅速发挥药效等特点。茶叶作为汤剂是用最普通的水做溶媒，为了迅速、充分地提取有效成分，茶与其他散剂药材一样被加工成粉末。只是在茶成为嗜好饮料的现在，“随症加减的原则”改为口味轻重的嗜好原则。

另外，从早期对于饮茶功效以及目的的认识上同样可以看出服药意识的痕迹。早期的文献将茶的功效归纳成两部分：

一部分是悦志、醒酒、不眠等，可以被视为由咖啡因而产生的兴奋剂效果，是茶成为中国的代表性无酒精饮料的决定性因素之一，建立在中国医药学的基础之上。《神农食经》说：“茶茗久服，令人有力悦志。”《华佗食论》中也有“苦茶久食益意思”的看法。现在我们在看书时沏上一杯清茶是很普遍的现象，同样利用了茶叶清心宜思的效用。这个效用来源于茶叶中含有的咖啡因，更加典型或者说极端的例子是饮茶导致兴奋，不少人甚至无法入睡，晋代张华在《博物志》里总结了饮茶的效果：“饮真茶，令人少眠。”现在普遍利用的醒酒功能同样属于这类效用。早在三国时期，魏国的张揖就在《广雅》里说：“其饮醒酒，令人不眠。”

另一部分为羽化、轻身换骨、延年等，从

总体上说是安慰剂，以神仙道教思想为根底，强调茶的仙药效果。壶居士《食忌》说“苦茶久食羽化”，把茶与道教最高目标——羽化登仙直截了当地联系了起来。南朝齐梁间道教徒、道教思想家、药学家的陶弘景在《杂录》里说：“苦茶轻身换骨，昔丹丘子、黄山君服之。”（《茶经·七之事》）丹丘子、黄山君是道教传说人物，陶弘景用著名道教人物服用茶叶的事例来加强自己主张的说服力和可信度。

前者在茶被饮用之初就认识到了，而这些仙药的安慰剂效果并不是茶中确实含有的东西，而是由茶投影过来的性质，隐藏其后的动机是羽化登仙。把茶的这些效果汇总起来看，茶无疑是被当成服食的上药而饮用，而且在上药之中茶也是佼佼者。由此看来，茶叶是茶树资源与中国医药学联姻的产物。

云南西南部是茶原产地的中心，云贵高原是最初的传播地，在这片土地及其周边地区有着丰富的茶叶利用方法，它们在不同的文化体系中发生、发展，彼此之间并没有必然的联系，没有先进与落后、原始与进化等的区别。生活在东南亚北部和中国云南的多个民族往往把茶叶加工成腌制食品，而巴蜀先民则开发了茶叶饮料。饮茶习俗发生在四川，最根本的原因是巴蜀民族的文化，浓厚的神仙思想以及与这种思想相呼应、为养生服务的发达的制药技术造就了茶叶饮料，巴蜀先民开发的茶叶饮料以其优异的品质最终取得了全世界的认可，在今天回顾茶叶起源时同样不能忘记巴蜀先民发现茶叶饮料利用法的功绩。

第二节　魏晋风流

尽管汉代才出现关于茶的零星史料，但是到了三国时期，茶叶已冠冕堂皇地进入了帝王、贵族的生活，从此茶开始频繁出现在中国文献中，由此可见饮茶习俗在中国被主流文化认同、接受是在魏晋南北朝（220—589）时期。因为从茶叶的加工制作技术成熟到饮茶的精神寄托均已完备，所以中国茶文化形成于魏晋南北朝时期。

一　高度成熟的制茶技术

在《广雅》里有这样的记载：在大约相当于现在湖南、湖北全境，河南、贵州、广东、广西的一部分以及四川东部的所谓荆巴地区，人们采茶叶加工成饼状。成熟的老叶由于纤维化程度高，黏性不够，于是加入米汤以助成型。茶叶压制成型的传统被继承至今。

现在从春至秋都可采茶、制茶，因此有春茶、夏茶、秋茶的区别与称谓，一般以春茶的评价最高，秋茶其次，夏茶最低。晋代的采茶时节与现代没有原则区别，虽无明确的春茶、夏茶、秋茶之名，却有其实。东晋郭璞(276—324)在注释《尔雅》中的“苦荼”时说：“今呼早采者为荼，晚取者为茗，一茗荈，蜀人名之苦荼。”两晋之交的温峤在向皇帝贡茶时就采用了这个分类：“贡茶千斤，茗三百斤。”（寇宗奭《本草衍义》）最早具体谈到采秋茶的是西晋的杜育，他在《荈赋》中说：“月唯初秋，农功少休。结偶同旅，是采是求。”就是说在初秋季节，过了农忙阶段，大家结伴同行，寻找茶树，采摘茶叶。明确表明秋季采制的茶是“荈”，还强调利用农闲时间，推论其茶叶的采制规模存在影响粮食作物生产的程度与可能。可见，当时的荼（茶）与茗（荈）有着严格的区别。

二 完备的饮茶程式

《广雅》中记载了饼茶的饮用方法：饮用时，先把饼茶烤至焦化，然后捣成粉末，放入陶瓷器皿，倒入开水，并用葱、姜、橘子皮调味。生产的饼茶在饮用时要研磨成粉末，喝的是末茶。茶汤的模样“唯兹初成，沫沉华浮。焕如积雪，烨若春敷”（杜育《荈赋》）。刚刚煎成的茶汤，茶末下沉，泡沫上浮，其光彩像积雪，其明亮似春卉。有了日本抹茶【图1-4】的经验，就不难理

图 1-4 日本抹茶茶汤

解杜育的描述了。就是说尽管经历了漫长的岁月，末茶从技术到行为主体都发生了不少变化，但是万变不离其宗。

茶的审美不仅是茶汤模样，茶具的内涵更加丰富。比如《荈赋》以四川为背景，位于“长江头”，却偏偏选择了“长江尾”的越窑青瓷。无论是从当时的生活状况上看，还是宗教信仰，最顺理成章的选择应该是金银器皿，贵族生活豪奢气派，神仙道教的养生服食也讲求金石丹药。可是茶人选择了陶瓷，选择了自然之物的瓢，通过舍近求远的“非理性”，表现出对茶具做出了舍奢求简的独特追求。

杜育还交代了茶具选择的标准，即“式取《公刘》”。其实这四字意味深刻，所传递的信息小到选择茶具的标准，大到主流文化改造、打造饮茶礼仪的方法与思想根源。解答了为什么刚刚进入中原的茶文化就在形式上如此完美，在内容上如此充实的问题。

晋代茶礼建设的途径就是移植《诗经·公刘》的酒礼，酒肴变成了茶果。桓温（312—373）用茶果款待客人以示俭。茶果以果实、蔬菜和谷物为基本素材，虽然不是绝对的素食，但是鲜明的素食取向有目共睹。战国尸佼提出“木食之人，多为仁者”（《尸子》）的命题，把人性与饮食联系起来，从《中庸》可以看出其思考脉络。汉代郑玄在注释《中庸》中的“天命之谓性”时说：“木神则仁。”孔颖达进一步解释说：“皇氏云，东方春，春主施生，仁亦主施生。”（《礼记·中庸》）根据五行思想，仁在季节是春，在方位是东，在五行是木。人在食用植物之后，植物的仁性随之转移到人的身上。清代汪继培所谓：“木性仁，故木食之人亦为仁者。”（《尸子》）

于是素食的“木食”拥有了清高脱俗的文化意义。晋代葛洪说：“然时移俗异，世务不拘，故木食山栖，外物遗累者，古之清高，今之逋逃也。”（葛洪《抱朴子外篇·逸民》）葛洪在此虽然持否定意义，却将“木食”与“山栖”“清高”联系起来。褚伯玉隐居瀑布山，吴郡郡守王僧达仰慕其人，要求他留在自己身边。于是邱珍孙写了一封信，劝导王僧达放还褚伯玉回瀑布山，在描写褚伯玉的隐者风范时使用了“木食”，而将让他继续隐居视为成全其“羽化”。可见这种观点在魏晋南北朝时期有一定的代表性。

三 社会各阶层饮茶

在三国时代，吴国末代皇帝孙皓（242—283）的宴会上，规定与会者必须饮用7升酒，合计1400毫升，可是老臣韦曜只有2升的酒量。当时孙皓出于对韦曜的尊重与关心，暗中让他以茶代酒。这是茶史上最初确凿无疑的饮茶记录。

晋代，大臣温峤特意赠送给皇帝茶叶的事情，直接表明宫廷饮茶习惯已经形成。而一位大臣在社会动荡不定时特别考虑到皇帝的饮茶问题似乎暗示着茶叶供给发生了困难，远在河南洛阳的皇帝因为内外的动乱，无法得到充足的茶叶也并不意外。在南朝宋（420—479）时，浙江湖州出现了供给朝廷专用的御茶园。日常饮茶培养了对于茶的价值观，南朝宋新安王刘子鸾和豫章王刘子尚在接受昙济法师的献茶之后，惊叹茶汤堪比甘露。虽然御茶园打着皇帝的名号，其实皇帝、皇室的消费比例是非常有限的，主要是保障宫廷用茶。唐代对于贡茶的用途有明确的说法，顾渚紫笋每年清明送至京城，“先荐宗庙，然后分赐近臣”（胡仔《苕溪渔隐丛话》）。唐代宗赐紫笋茶1500串，奖励将士，汴宋留守田神玉请韩翃代笔作《为田神玉谢茶表》表示感谢。因此御茶园是中国社会盛行饮茶的一个具体的事例。

刘敬叔《异苑》记载，在民间，浙江嵊县的陈务的妻子每天饮茶并且在饮用之前先在庭院里的古坟前祭拜一下。在京都洛阳和江苏扬州的市场上还有茶水出售。在市场上购买茶水的消费者应是处于社会下层的平民，也包括朝廷的低级官员。由于文献记录了上层社会的生活，因此平民的饮茶记录非常罕见。但是就一条史料来说，上层社会饮茶被记录的对象往往是个体，而下层社会饮茶记录却经常反映群体，试想一下有多少人出入市场。所以，数量有限的平民饮茶的史料却可以反映社会的饮茶习俗。

四　全国各地的饮茶

即便在现代，饮茶还是有地域之差别的。整体说来，长江流域的茶叶消费量高于黄河流域，东部沿海地区高于西部内陆地区，经济发达地区高于经济欠发达地区，等等，其中的原因不尽相同。

茶文化起源于四川，首先沿着长江，向自然、人文环境类似的地区传播，成为江南文化的一个代表，与北方的乳酪文化相对应。

魏晋南北朝的饮茶史料有如下的地域特征：四川的饮茶史料起始时代早，并且在后世也不断出现；西晋国祚短暂，饮茶史料集中在洛阳；南朝饮茶史料围绕着政治、文化、军事中心的江苏、浙江、安徽；北朝饮茶史料仍在洛阳。

值得一提的是饮茶的商业化。茶水成为商品性饮料的记录在西晋初年就见诸文献了。傅咸（238—294）在《司隶教》中写道：“闻南市有蜀妪作茶粥卖之，廉事打破其器物。”（虞世南《北堂书钞》）傅咸曾经兼任司隶校尉，由此推论这位四川老太太是在洛阳的南市上出售茶水。这条史料的意义远远不止如此，虽然无法确认出售茶水的形式，但是至少可以说是茶馆的滥觞。对于主人公“蜀妪”的籍贯描述，也暗示了四川与茶的关系，尤其在这个时代标榜了茶水的“正宗”。

由于北朝的饮茶史料中，否定饮茶的记载比较引人注目，以致不少人认为魏晋南北朝时北方人不饮茶。其实，晋代的时候黄河流域已经接受了饮茶，可是由于“五胡乱华”，导致了中国历史上屈指可数的大规模迁徙，活跃在同一块土地上的人群已经更换，这就是“北朝人不饮茶”的真实情况。从唐朝已经开始茶马贸易来看，北朝时已完成了再次的茶文化传播，传播过程中出现的文化冲突，导致对于饮茶的否定。而从历史上看最终结果是接受了饮茶习俗，其中的典型事例是鲜卑族官员刘镐学习南方汉族逃亡贵族王肃（464—501）饮茶。当时的北魏因为汉化改革，在孝文帝周边聚集了大量汉族文人贵族，他们在北魏的宫廷里堂而皇之地饮茶，带动了以鲜卑族为代表的北方少数民族的饮茶，起到了传播茶文化的作用。

五　饮茶的礼仪化

饮食在古今中外生活中是最经常使用的社交赠答方式之一，《礼记 · 礼运》中提出“夫礼之初，始诸饮食”的观点。相对隆重、正式的宴会，饮料的招待更加频繁。就茶而言，昙济和尚以茶款待南朝宋的王子；陆纳用茶招待造访的谢安；风流的领袖王濛以茶待客，没有饮茶习惯的大臣们无法拒绝这一礼仪行为，只能强饮，因此视之为“水厄”。在两广和越南北部，甚至使用瓜芦树叶代茶，“客来先设”，即款待客人时首先上茶。由此可见，在茶文化成立期的魏晋南北朝饮茶就已经在全国范围、社会各个层次被礼仪化了，也就是说茶礼已经在世俗的世界里形成。

中国的茶礼在应用于世俗社交的同时，还用于神鬼、祖先的祭祀，宗教性的茶礼即滥觞于此。据刘敬叔《异苑》记载，在剡县，陈务“宅中先有古冢”，寡居的陈务妻子不仅有饮茶习惯，“每日作茗饮”，而且每天烹茶饮用之前先以茶祭祀古墓里的鬼神。在南朝齐太庙的四时祭里，茶是昭皇后的祭品之一；齐武帝不仅把茶定为自己的祭品，而且在诏书里明确强调“天下贵贱，咸同此制”（《南齐书 · 武帝纪》），就是说不分身份高低都必须采用这个制度，对于宗教性茶礼的确立乃至推广无疑具有积极的意义。因为中国有“人所饮食，必先严献”（崔沔《宗庙加笾豆议》）的原则，因此在中国人接受饮茶习俗之初的魏晋南北朝，茶礼就被用于宗教祭祀，从这个意义上说，宗教性茶礼的形成有其必然性。南朝齐武帝为先人选择祭品的“生平所嗜”的基准也与这个精神相通，即便现代也是“上供神知,人有一吃”。到了宋代，从《朱子家礼》中的相关记载看，茶礼举行得更频繁。

六　饮茶的社会意义

无论是从消费者所属社会阶层来看，还是从地域分布来看，饮茶习俗的普及程度都很高。内在文化支持着饮茶习俗的发展，三国时期吴国大臣韦曜以茶代酒的故事，表明茶在饮食生活中扮演了与酒同样的角色。

众所周知，魏晋南北朝是一个以酗酒著称的时代，竹林七贤【图 1–5】的风流逸闻流传至今。可是朝廷大臣酗酒废职还见不到立竿见影的效果，那么保疆卫国的将军酗酒废职所导致的就是国破家亡，无法阻挡北方少数民族的南下，西晋大量皇室成员、贵族命丧黄泉，逃亡到南方的西晋贵族与南方的士族力量汇集，成立了东晋政权。统治者对荒淫无度、酗酒废职进行了反省，清廉的茶文化得到提倡,茶象征着积极参与政治、

图 1-5 竹林七贤与荣启期砖画

自我约束、朴素的生活态度。驻守扬州的最大军事力量的指挥者桓温亲自“以茶示俭”，其他贵族如陆纳也加入倡导饮茶的行列，赋予饮茶朴素事业的文化内涵。而陆纳的侄子陆俶没有理解叔叔的用心良苦，私下准备了丰盛的酒宴，结果被陆纳斥为“不能光益父叔，乃复秽我素业”（《晋书·陆纳传》），打了四十大板。

陆羽在《茶经》中说茶“最宜精行俭德之人”“茶性俭”，这是对于前陆羽时代茶文化精神的总结，也是陆羽的向往与追求。“素业”“俭”等观念固然少不了节俭的涵义，但是更加积极的意义在于针对荒淫放纵、奢侈无度，强调自我约束，反映了一种人生观。“俭，约也。”“约者，缠束也。俭者不敢放侈之意。”（段玉裁《说文解字注》）这种人生观直接影响到审美情趣，于是在茶的世界里，较之华丽，淡雅一直是崇尚的更高境界。

七　饮茶的文化意义

但是与这个社会政治基准相比，更加打动人心的是风流。风流的观念从自然美的个性发生，从视人与自然为一体的老庄思想中产生，与当时主流社会思潮玄学相表里，是精神上臻于玄远自由境界的贵族文人的气质的外现，言谈举止，趣味习尚，喝酒、服药、清谈、放诞、狂狷、任性、好山水、爱艺术等等都是风流。魏晋文化缔造者的贵胄子弟把风流从伦理型转化为生活型，风流成为生活趣味的审美，是日常生活中的人生准则，鲁迅在《魏晋风度及文章与药及酒之关系》一文中，虽然使用的是“风度”一词，但是事实上开风流研究之先河。茶作为新兴文化，作为神仙道教服药文化的理性延伸，用于和酗酒的对抗。魏晋风流也从以竹林七贤为代表的放诞狂狷向平静淡雅转化，茶的出现为风流的转型提供了物质基础，成为新风流的载体。风流表率如左思、刘琨、王濛、桓温、谢安等的参与，无疑对饮茶的普及起到巨大的推动作用。在北魏，汉人的饮茶习俗还被少数民族模仿。“时给事中刘镐慕（王）肃之风，专习茗饮”（杨衒之《洛阳伽蓝记》）。王肃因父兄被南朝齐武帝萧赜所杀，逃亡北魏。他不仅出身世家大族，而且以文韬武略赢得孝文帝的信赖，成为北朝中华文化的代表性人物，得到憧憬中华文化的人们的崇仰。鲜卑人刘镐被王肃的风流所感化，从饮茶着手学习，这个感化正是风流的社会功效。

古代的风流与现代的时尚一样，驱动着整个社会的价值取向。所不同的是风流着眼于精英阶层，时尚针对大众社会；风流扎根于坚实的文化传统，时尚立足于强烈的消费欲望；因此风流相对稳定，时尚瞬息万变。

第三节　唐宋清赏

唐代（618—907）蓬勃向上，浪漫辉煌，充满了创造性。在茶文化史上，唐代是中国古典茶文化的鼎盛期，饮茶风俗普及到“比屋之饮”的程度，名茶辈出。而高度标志则是陆羽（733—804）撰写的《茶经》，总结了中古茶文化，并为茶文化的发展提供了扎实的理论基础，成为古典茶学标志。左右唐代茶文化走向的则是隐逸，在唐宋文化变革中，茶文化的转型，陆羽发挥了承前启后的作用。因为茶文化已经发展成唐朝生活文化的象征，被朝鲜和日本学习模仿。

两宋时期（960—1279）中国古典茶文化发展到了极致，小众的精致与大众的普及并存，宗教的严肃与市井的喧嚣同在，并得到了充分的发展。作为优雅闲适审美载体的饮茶生活通过统合其他文化生活要素而更加立体丰富；茶与其他文化生活事项组合，形成焚香、插花、挂画、点茶的“四般闲事”；饮茶生活以茶叶消费为基础，茶叶成为大宗商品达到影响国家经济的程度，设立榷茶法，与少数民族形成了茶马贸易，这也标志着少数民族茶文化形成。茶文化向外传播是中国文化元素的逆向证明。

一　唐代社会的饮茶

传统社会中皇帝的权威性是不容置疑的，唐代皇帝“茶药”的赏赐很频繁，渲染皇帝的饮茶史料还是在盛唐以后出现的。经历了安史之乱的唐德宗李适（742—805）饱尝了战乱和家国之痛，也经历了战火的洗礼和考验。唐代宗即位之初，李适被任命为天下兵马元帅，肩负起与安史叛军余孽最后决战的使命。平定叛军之后，李适因功拜为尚书令，和平叛名将郭子仪、李光弼等八人一起被赐铁券，图形凌烟阁。自他登基以后，励精图治，实施革新。但是，积重难返，最大的挫折莫过于因为削夺拥兵自重的地方藩镇节度使的权力而招致的一系列藩镇反叛，史称“四王二帝”事件与“泾师之变”，最终不得不妥协，下罪己诏，赦免了除自称大秦（后改为汉）皇帝朱泚以外的所有叛乱藩镇。建中三年（782），因本来要派去平定藩镇反叛的泾原镇兵马在途经长安时哗变，即“泾师之变”，唐德宗逃离京城，“韩晋公滉闻奉天之难，以夹练囊缄盛茶末，遣健步以进御”（李肇《唐国史补》）。在如此窘迫的环境下，仍然不忘饮茶。

唐懿宗李漼（833—873）非常喜爱同昌公主，于是频繁大量赏赐物品，“道路之使相属”，其中包括各种饮食，“其茶则绿华、紫英之号”（苏鹗《杜阳杂编》）。懿宗是一位沉湎于宴饮游乐、优伶乐舞，又极爱虚荣的皇帝。《新唐书·懿宗纪》说：“懿、僖当唐政之始衰，而以昏庸相继。”咸通十四年（873）三月，懿宗下诏迎奉佛骨，招致群臣的劝谏，理由是劳民伤财，何况还有宪宗迎奉佛骨之后暴死的先例，均认为此举不祥。懿宗坚持“迎请真身，为百姓祈福”（释念常《佛祖历代通载》），到了六月，懿宗竟一病不起。七月十六日，懿宗“疾大渐”。《旧唐书·懿宗纪》曰：“佛骨才入于应门，龙輴已泣于苍野。”意思是说懿宗迎奉的佛骨刚刚进门，载着他灵柩的丧车就已经在哭声中到了荒野墓地。僖宗（862—888）登基后的第一件事就是送佛骨回法门寺，同时也把自己太子时代的茶具纳入地宫供奉，上面刻有“五哥”字样。因为唐僖宗李儇是懿宗的第五子，在东宫时人称“五哥”。1981年，年久失修的法门寺真身宝塔【图1-6】在地震、大雨中倒塌了。伴随着复建计划的实施，发掘清理工作开始了。1987年，时隔1114年，法门寺真身宝塔的地宫被再次打开，法门寺宝藏重见了天日。这套茶具

图 1-6 1981 年倒塌前的明代法门寺真身宝塔

【图 1-7】是现存唯一确凿无疑的唐代成套茶具。

文人或通过科举考试等途径进入仕途，成为官僚；或者以布衣终其一生，社会身份极其复杂。因为他们留下了大量的著述而成为历史研究的主要对象，尤其作为雅文化——茶文化缔造者，他们对茶文化元素的开发利用发挥了决定性的

图 1–7 法门寺鎏金银茶具

作用，他们的饮茶生活也充满了浪漫气息。

颜真卿在湖州时，身边聚集了一批名人文士，诗文唱答，陆羽也是其中之一。这首《五言月夜啜茶联句》由七人联手创作：

泛夜边坐客，代饮引情言。（陆士修）
醒酒宜华席，留僧想独园。（张荐）
不须攀月桂，何暇树庭萱。（李萼）
御史秋风动，尚书北斗尊。（崔万）
流华净肌骨，疏瀹清心源。（真卿）
不似春醪醉，何辞绿菽繁。（昼）
素瓷传静夜，芳气满闲轩。（袁高）

陆士修写月夜之下，代酒饮茶借以导引情怀助谈兴。张荐通过华席醒酒，寺院留僧比喻这个聚会是多么贴切适宜。李萼写景喻人，崔万点明恭维的是颜真卿。而颜真卿则笔锋一转，赞美茶汤，清心净骨。皎然（昼）继之赞美茶汤的美妙，饮而不醉，像茂盛的绿草一样。袁高最后点题，在这宁静的夜晚，青瓷素碗传饮茶汤，香气溢满轩堂。

唐代是古典诗歌的鼎盛期，也是茶文化发展最显著的时期。茶与诗的结合进一步确立了茶在雅文化中的地位，同时也为诗歌创作提供了不同于酒的氛围条件，而这个新的氛围适应了唐宋诗风的变化要求，于是茶会赋诗，诗会咏茶，茶会与诗会融为一体，茶与诗互相促进，最终都得到了充分的发展。但是在《全唐诗》里，茶字出现了 673 次，而酒字出现了 7127 次，可以简单地理解为茶的出现频率是酒的十分之一。《全唐诗》收录了 48900 首诗，而茶诗只有 400 多首，不到总量的百分之一。由此看来唐代文人雅集饮茶，应该属于小众的生活。但是与魏晋南北朝的茶诗相比，唐代几乎是它们的百倍，茶文化的发展成就也是有目共睹的。

中国是茶文化的发祥地，从饮茶在社会各阶层之间的流动上看，与日本、英国等茶文化的输入国不同，中国茶文化起源于下层，然后被上层接受，经过改造，又流回到下层民众的生活中来，在不断地循环往复中，中国饮茶习俗在规模上不断扩大，茶文化在内容上不断提升。

唐代“王公朝士无不饮者”，在他们的带动下，普通民众也积极投入饮茶这个流行风尚中来，“遂成风俗”。唐代茶叶产量相当可观，其中有相当一部分是普通民众消费的。黄河上下、大江南北无不嗜好饮茶。“饶州浮梁，今关西山东，闾阎村落皆吃之。累日不食犹得，不得一日无茶也”（杨华《膳夫经手录》）。一位随遣唐使到中国的日本僧人，记录了一些具体翔实的庶民饮茶史料。最有意思的是，开成五年（840）三月十七日，日本僧人圆仁在巡礼途中到了潘村，潘家主人粗恶无礼，圆仁只能“出茶一斤，买得酱菜，不堪吃”（圆仁《入唐求法巡礼行记》）。茶叶在这里成了替代货币的流通媒介，而接受茶叶的是一介村夫。

唐代的封演在总结北方民众的饮茶蔚为风气的原因时，特别强调了僧侣的作用：

> 茶，早采者为茶，晚采者为茗。《本草》云：止渴，令人不眠。南人好饮之，北人初不多饮。开元中，泰山灵岩寺有降魔师，大兴禅教。学禅务于不寐，又不夕食，皆许其饮茶。人自怀挟，到处煮饮，从此转相仿效，遂成风俗。[1]

①［唐］封演：《封氏闻见记》卷六，北京：中华书局，1985 年，第 71 页。

圆仁在《入唐求法巡礼行记》中不但记载了僧侣的日常饮茶状况，还特别记载了茶药供养的事例。用茶供养的最典型的资料当数在法门寺地宫发现的茶具。而寺院煎茶、僧侣茶会的诗作更是不胜枚举。钱起《过长孙宅与朗上人茶会》就是比较著名的一首：

偶与息心侣，忘归才子家。
玄谈兼藻思，绿茗代榴花。
岸帻看云卷，含毫任景斜。
松乔若逢此，不复醉流霞。[①]

钱起是大历诗人之冠，这首诗写茶会雅集，快意闲适的生活。友人相过，偶遇和尚，哲学的玄谈加上文学的藻思，呈才竞巧，含毫构思，不觉日影西斜。以云之卷舒自在写人之闲逸无心，而欣赏这种风景玄情的是娴雅风度装束的文人。赤松子、王子乔之类的仙人若见此景，也会弃仙酒而取绿茗。钱起有过屡试不中的苦闷，后任蓝田县尉时能担负责任，但最终走向了超脱，亦官亦隐。乱世纷扰中，钱起似乎满足于“小邑闲职”，体悟了佛家的空寂情景，也领略到玄学名士的闲逸情趣。

二　陆羽《茶经》与传统茶学的形成

唐代茶文化最高标志就是陆羽【图 1-8】的

① [唐]钱起:《钱仲文集》卷四，上海：上海古籍出版社，1993年，第21页。

图 1-8 浙江农林大学茶文化学院前的陆羽像

《茶经》。

陆羽，字鸿渐，三岁时失怙，复州竟陵（今湖北天门）龙盖寺（后易名西塔寺）智积禅师收养了孤苦伶仃的陆羽。这个经历对陆羽来说刻骨铭心，等到后来他拒绝学佛的理由之一就是“终鲜兄弟，无复后嗣，染衣削发，号为释氏。使儒者闻之，得称为孝乎”。

陆羽的相貌、性格都很有个性，用他自己的话来说，就是“有仲宣、孟阳之貌陋，相如、子云之口吃。而为人才辩、笃信、褊躁，多自用意，朋友规谏，豁然不惑。凡与人宴处，意有所适，不言而去。人或疑之，谓生多瞋。及与人为信，虽冰雪千里，虎狼当道，而必行也。……少好属文，多所讽谕。见人为善，若己有之；见人不善，若己羞之。苦言逆耳，无所回避。由是俗人多忌之”。

仲宣，是三国时魏国的王粲（177—217）的字，山阳高平（今山东邹县）人，建安七子之一。孟阳，是西晋张载的字，安平（今属河北）人，世乱告归，与兄弟俱以文学著名。二人均以才能出众而相貌丑陋著称，陆羽言下之意是自己长相丑陋。此外，他还像司马相如（？—前118）、扬雄（字子云，前53—18）一样口吃。可是他们都是汉代具有代表性的文学家。陆羽的自得溢于言表，这也是他的性格。除了有丑陋、口吃的外在“缺陷”，他的内在性格才智机敏，忠实诚信，性情急躁，虽任性使气，但能豁达接受朋友的规劝。与他人宴饮时，一旦觉得意趣寥然，往往不辞而去。每每引起别人的误解，被认为生性易怒。在与人有约定时，即便冰雪千里，虎狼当道也一定要践约。从年轻时就喜欢写文章，其中多讽喻之言。看到别人行为善良，好像自己也在同行；看到别人不那么善良，好像是自己的羞辱。即便苦言逆耳也绝不回避，因此受到俗人的憎恶。

到了学龄，很有主见的陆羽与智积禅师产生了分歧：

> 自幼学属文，积公示以佛书出世之业。子答曰：“终鲜兄弟，无复后嗣，染衣削发，号为释氏。使儒者闻之，得称为孝乎？自将援孔圣之文，可乎？”公曰：“善哉！子为孝，殊不知西方之道，其名大矣。”公执释典不

屈，子执儒典不屈。

禅师想把陆羽引上佛教的道路，而陆羽却立志于儒家，并希望得到禅师的谅解与准许。可惜他们的分歧没能调和，结果是两人各执己见。智积禅师最初还是想退让以打动陆羽，可是却不见陆羽有任何改变。于是转而施加压力，“历试贱务，扫寺地，洁僧厕，践泥污墙，具瓦施屋，牧牛一百二十蹄”。可是陆羽还是一如既往，没有纸笔就用竹棍儿在牛背上学写字，不识字哪怕就模仿学童读书的样子也是满足。没有束缚的陆羽如鱼得水。禅师觉得如果继续这样下去陆羽的儒学修养就会日益深入，再也回不到佛教的道路上来了，于是把他的行动范围限定在寺院里，并有专人监督。可是已经体验到学习魅力的陆羽却进入了学习的痴迷状态，不时忘记分配的杂活，监督者无法理解，以为仅仅是懒惰，于是责打陆羽。而陆羽却为时光白白流失而痛哭不已。这又被监督者理解为不思改悔，无理取闹，进一步加重惩罚。陆羽忍无可忍，终于逃离了寺院。背着铺盖卷到了戏班子，写剧本，当参军戏俳优，展示了才华。即便到这时，智积禅师还是念念不忘陆羽，表示原谅陆羽过去的所作所为，只要他回寺院，今后会给他更多的自由。可见智积禅师多么看重陆羽！可是陆羽还是忍痛拒绝了父母般对待自己的禅师，因为他有自己的追求。

天宝五年（746），唐朝开国元勋李寿的曾孙李齐物被贬到竟陵。十五岁的陆羽被委任为地方庆典演出的总导演，被李齐物所赏识，亲授诗集，使随邹夫子正式学习儒家经典。天宝十一年，又得到同样遭贬而到竟陵的礼部郎中崔国辅的关照。李齐物、崔国辅这样的著名大臣的赏识使得陆羽的学识和社会地位得到大幅度提升。可是不久爆发了安史之乱，天宝十四年，陆羽到浙江湖州避乱：

> 上元初，结庐于苕溪之滨，闭关读书，不杂非类，名僧高士，谈宴永日。常扁舟往来山寺，随身惟纱巾藤鞋，短褐犊鼻。往往独行野中，诵佛经，吟古诗，杖击林木，手弄流水，夷犹徘徊，自曙达暮，至日黑兴尽，号泣而归。故楚人相谓：陆子盖今之接舆也。

看来陆羽在湖州过着典型的隐居生活，率性而唯美。他在苕溪旁安了家，不仅与诗僧皎然结下了忘年之交，还与玄真子张志和有密切的交往，形成了以名僧高士为中心的社交圈。平日过着简朴的生活，经常以一叶扁舟往来于山寺，智积禅师的影响、对于禅门的情感、少年的生活烙印清晰可见。大历七年（772），颜真卿（709—

785）出任湖州刺史，陆羽成了他的门下客，诗文酬唱，并且参与了他组织的类书《韵海镜源》的编写工作。773 年，颜真卿在妙喜寺旁建了一个亭子，陆羽名之曰"三癸亭"，因为完成于癸年、癸月、癸日。

777 年，颜真卿离开湖州回到长安，陆羽被授予太常寺太祝一职可能就在这个时期，但是陆羽没有接受。782 年，戴叔伦赴江西李皋幕，陆羽也离开湖州去了江西。787 年，裴胄（729—803）邀陆羽赴湖南幕。然后又从湖南赴广州刺史、岭南节度使李复（李齐物之子）幕，这时接受了太子文学之职，804 年卒。

我们今天称陆羽为"茶圣"，宋代梅尧臣评价："自从陆羽生人间，人间相学事春茶。"（《次韵和永叔尝新茶杂言》）。其实陆羽健在的时候就很有名，耿湋称陆羽："一生为墨客，几世作茶仙。"（《连句多暇赠陆三山人》）当然这里的茶仙仅仅是夸张的表述，不过陆羽在唐代确实已经被神化。唐代李肇《唐国史补》中就记载了两个故事：

> 巩县陶者多为甆偶人，号陆鸿渐。买数十茶器得一鸿渐，市人沽茗不利辄灌注之。
>
> 江南有驿吏以干事自任。典郡者初至，吏白曰：驿中已理，请一阅之。刺史乃往。

初见一室署云“酒库”，诸酝毕熟，其外画一神，刺史问：“何也？”答曰：“杜康。”刺史曰：“公有余也。”又一室署云“茶库”，诸茗毕贮，复有一神。问曰：“何？”曰：“陆鸿渐也。”刺史益善之。又一室署云“菹库”，诸菹毕备，亦有一神。问曰：“何？”吏曰：“蔡伯喈。”刺史大笑曰：“不必置此。”

在陆羽写于上元二年（761）的自传里，已经有了《茶经》的信息；在《茶经》里又有风炉制作于“灭胡明年”的时代讯息。按安庆绪杀其父安禄山，唐玄宗从四川回长安的次年、肃宗乾元元年（758）算，《茶经》著于这两三年里。《唐国史补》称：“（陆）羽有文学，多意思，耻一物不尽其妙，茶术尤著。”陆羽有文采，思路敏捷，对于问题深究到底，他的这个性格放在了还没有人深度关注的茶上，《茶经》就应运而生了。

现存《茶经》三卷十篇，在人类历史上首次全面记载了茶叶，标志着传统茶学的形成。

一之源的主要内容是茶的植物学特征，此外还包括茶的释字、释名，包括精神意义上的效用等，并在与最重要的中药材之一的人参的比较中阐述了茶的负面效果的可能性，可见陆羽推崇茶而不迷信茶。

二之具非常具体地介绍了制茶工具的形制

以及在制茶过程中的应用方法。

三之造总结了制茶过程，结合“二之具”可以比较具体地理解唐代的制茶技术与追求。陆羽想在这里明确审评饼茶的标准，由于是感性化的话题，陆羽使用了大量日常生活中广为人知的事象做比喻，拟将话题形象化，可是一千多年后的今天完全时过境迁，使得他的努力付之东流。

四之器逐一详细介绍了饮茶器具的形制与用途，同时体现了陆羽的世界观、审美观。

五之煮的记载从将饼茶研磨成粉末开始，然后是炭、水的选择，在详述茶汤的加工过程之后，对于盛碗的茶汤也做了详尽的描述，茶汤数量及饮用方法都有具体的规定，最后对于这些规则的出发点的“茶性俭”做了解释。

六之饮首先交代了各种饮料的不同效用，整理了以历史人物为线索的饮茶发展历程，列举了社会上的各种茶、各种饮茶法，总结了饮茶生活的九个难题，提出了待客饮茶的规则。

七之事收集编辑了唐代以前的茶叶史料，由于陆羽所引用文献的大多数都已经散佚，这一章节就成为先唐茶文化研究的宝库。

八之出整理了全国的茶叶产地并对其中的三十二个州的茶叶进行分类，对其品质进行比较评估，分为上、次、下、又下四等。余下的十一个州仅记录地名，因为陆羽对其产茶状况“未详”。

九之略树立野外因地制宜简化加工工序、饮茶器具的原则方法。

十之图强调要将《茶经》内容以挂轴形式展示出来，以时时学习。

陆羽在《茶经》中总结了到盛唐为止的中国茶学成果，以其完备的体例囊括了茶叶从物质到文化、从技术到历史的各个方面，这个体例至今左右着中国茶书的结构，甚至影响着现代茶学的认识。

三 隐逸主导的唐代茶文化

文人主导着唐代茶文化的发展方向。可是文人的概念太宽泛了，要进一步具体化不妨综合考察一下饮茶生活的文化性格与茶文化代表人物的文化身份，隐逸文化便凸显出来。唐代是中国隐逸文化成熟并由此走向衰落的时期，与茶文化发展非常一致，而隐逸文化的衰落又与茶文化的转型相呼应。

如前所述，饮茶习俗在两晋已经确立，桓温、陆纳从社会政治与道德的角度，赋予饮茶生活“性俭”“素业”等文化意义。基于魏晋道教服食观念则视茶为清心悦志甚至是羽化登仙的养生妙药。虽然没有明确的隐逸宣言，但是不仅道教，即便世俗俭约、素业的茶也有与隐逸同样的内敛的特质。

到了唐代，虽然陆羽之前的茶叶史料比较少，不过在《唐才子传》中，奖掖陆羽的崔国辅与储光羲是同期进士，他们都留下了与茶相关的资料，崔国辅与陆羽论茶，储光羲有《吃茗粥作》诗：

当昼暑气盛，鸟雀静不飞。
念君高梧阴，复解山中衣。
数片远云度，曾不蔽炎晖。
淹留膳茶粥，共我饭蕨薇。
敝庐既不远，日暮徐徐归。

描绘了山林生活，其中出现了茶的身影。储光羲辞官回乡后，隐居终南山。更加明确地把茶与隐遁联系在一起的是李白。李白在《答族侄僧中孚赠玉泉仙人掌茶并序》中把未来的茶叶知音寄托在隐者的身上，即"后之高僧大隐，知仙人掌茶发乎中孚禅子及青莲居士李白也"（《李太白文集》）。李白在这里把高僧与隐士并称。确实，佛教、道教都拥有隐逸的属性特征，这些隐逸的区别在于思想基础，共同之处是游离于主流儒家文化之外，组成历史上的"方外"群体。一般所说的隐逸思想的背景更接近道家，而儒家则往往作为隐逸的对立面。但是在儒释道三教合一的思潮中，对立的色彩淡化，方外隐逸与儒家合流，白居易的"吏隐"就是最典型的代表。

白居易守道待时，进退自得。胸怀儒家兼济天下的大志，而从道家出发完善自身。既不会因为发达而忘乎所以，也不会因为落魄而丧失自我，在隐与仕之间显得游刃有余。在唐代诗人中，白居易留传下来的涉及茶的诗最为丰富，而茶是他闲适生活的一个重要象征。在与隐士的交往中，白居易也提到了茶，如在《题施山人野居》诗中写道：

得道应无着，谋生亦不妨。
春泥秧稻暖，夜火焙茶香。
水巷风尘少，松斋日月长。
高闲真是贵，何处觅侯王？[①]

与得道成仙、封王册侯相比，香茶陪伴的闲适生活更值得追求。不仅实写施山人的生活现状，更是白居易对自己理想生活的表白。一方面白居易使用了饮茶的隐逸文化身份来标榜自己，另一方面是具有高度影响力的白居易强化了饮茶的隐逸文化身份。

另一位隐逸诗人刘言史(约742—813)在《与孟郊洛北野泉上煎茶》诗中写道：

粉细越笋芽，野煎寒溪滨。
恐乖灵草性，触事皆手亲。
敲石取鲜火，撇泉避腥鳞。
荧荧爨风铛，拾得坠巢薪。
洁色既爽别，浮氲亦殷勤。

①［唐］白居易：《白居易集》卷十三，北京：中华书局，1979年，第270页。

以兹委曲静，求得正味真。
宛如摘山时，自歠指下春。
湘瓷泛轻花，涤尽昏渴神。
此游惬醒趣，可以话高人。[①]

诗对于煎茶过程着墨较多，“野煎”更平添了一层隐逸色彩。再看陆羽花了那么多的心血确立了以“茶具二十四器”为载体的复杂饮茶程式，可是却还要在《茶经》中特别为野外简化的饮茶开列“九之略”专篇。形式上看是自相矛盾，后者是对前者的否定，然而陆羽是否这么认识姑且不论，但是隐逸是唐代饮茶生活的文化身份，明确形式简略的隐逸茶的正统性符合《茶经》的基本逻辑，而这个任务就是由“九之略”完成的。就是因为不符合逻辑，所以陆羽特地把这部分抽出来特别强调，对于陆羽来说这部分是小众的，却是根本的。他之所以能够如此深刻地理解是因为陆羽自己就是隐士。

在耿湋与陆羽合作创作的《连句多暇赠陆三山人》中很好地总结了陆羽的身份特征，即“一生为墨客，几世作茶仙”（《全唐诗》）。首先确认了陆羽最基本的文人身份——墨客，之后进一步强调的是陆羽在茶界的地位——茶仙，而在诗题中点出了对于陆羽的身份认同——山人。山人是隐逸的别称，《后汉书·逸民列传》有一个比

①［清］彭定求等编：《全唐诗》卷四百六十八，北京：中华书局，1960年，第5321页。

较经典的解释：

《易》称“《遯》之时义大矣哉”。又曰：“不事王侯，高尚其事。”是以尧称则天，不屈颍阳之高；武尽美矣，终全孤竹之洁。自兹以降，风流弥繁，长往之轨未殊，而感致之数匪一。或隐居以求其志，或曲避以全其道，或静已以镇其躁，或去危以图其安，或垢俗以动其概，或疵物以激其清。然观其甘心畎亩之中，憔悴江海之上，岂必亲鱼鸟乐林草哉，亦云性分所至而已。[①]

事实上，陆羽也以隐士自居，据《陆文学自传》：

天宝中，郢人酺于沧浪，邑吏召子为伶正之师。时河南尹李公齐物黜守，见异，提手抚背，亲授诗集，于是汉沔之俗亦异焉。后负书于火门山邹夫子别墅，属礼部郎中崔公国辅出竟陵，因与之游处，凡三年。赠白驴乌帮牛一头，文槐书函一枚。白驴帮牛，襄阳太守李憕见遗；文槐函，故卢黄门侍郎所与。此物皆已之所惜也，宜野人乘畜，故特以相赠。

崔国辅于天宝十一年（752）贬竟陵郡司马，

① ［宋］范晔撰：《后汉书》，北京：中华书局，1965年，第2755页。

此时的陆羽经过李齐物、邹夫子的指点，文学修养更有长进，成为崔国辅的交游对象。三年后，崔国辅要离开竟陵时，把自己珍惜的白驴犎牛赠送给了陆羽，理由是它们“宜野人乘畜”，这里的野人是隐逸的别称，而此时的陆羽才 22 岁。不知为了要以儒家立命而离开寺院的陆羽因为何种机缘而立志走隐逸的道路，李齐物的提携、邹夫子的教诲都是成全陆羽隐逸道路的良师。

《新唐书·隐逸·陆羽传》说：“诏拜羽太子文学，徙太常寺太祝，不就职。”但是据《旧唐书·职官志》可以发现这个记载有误，司经局设正六品的太子文学三人，太常寺设正九品上的太祝六人，如果陆羽拒绝了六品的太子文学，再次征召不可能是品级更低的职位。李齐物之子李复在贞元三年（787）到任广州刺史、岭南节度使，湖州时代好友的周愿又在其幕下，于是陆羽离开湖南去了广州，也就是在这个时期，陆羽被授予太子文学。周愿《牧守竟陵因游西塔著三感说》提供了相应信息，所谓“愿频岁与太子文学陆羽同佐公之幕，兄呼之”。由此历史上称陆羽为“陆文学”。

从接受太子文学一职来看，陆羽似乎放弃了隐居生活，但是后世对他的身份认同仍然是隐士，毕竟思想意识是确定身份的关键。欧阳修等在编撰《新唐书》时就把陆羽归入“隐逸传”，完成了最后的陆羽的身份定性。

陆羽是隐士，茶是隐士生活中最有代表性的元素，因此陆羽记录、总结了自己耳熟能详的生活，写作了《茶经》。这是陆羽与茶的内在因缘，是陆羽关注茶的必然性。

其实，说到茶的世界里的隐士又何止陆羽，“亚圣”卢仝同样是隐士。“亚圣”地位就源于他唯一的茶诗《走笔谢孟谏议寄新茶》：

日高丈五睡正浓，军将打门惊周公。口云谏议送书信，白绢斜封三道印。开缄宛见谏议面，手阅月团三百片。闻道新年入山里，蛰虫惊动春风起。天子须尝阳羡茶，百草不敢先开花。仁风暗结珠琲瓃，先春抽出黄金芽。摘鲜焙芳旋封裹，至精至好且不奢。至尊之余合王公，何事便到山人家。柴门反关无俗客，纱帽笼头自煎吃。碧云引风吹不断，白花浮光凝碗面。一碗喉吻润，两碗破孤闷。三碗搜枯肠，惟有文字五千卷。四碗发轻汗，平生不平事，尽向毛孔散。五碗肌骨清，六碗通仙灵。七碗吃不得也，惟觉两腋习习清风生。蓬莱山，在何处？玉川子乘此清风欲归去。山上群仙司下土，地位清高隔风雨。安得知百万亿苍生命，堕在巅崖受辛苦。便为谏议问苍生，到头合得苏息否？[①]

① [清]彭定求等编：《全唐诗》卷三百八十八，北京：中华书局，1960年，第4379页。

卢仝此诗最大的特点是从道教服食的角度，把饮茶的效果做了最大的发挥。诗人把重点放在饮茶的感受上。把肉体的感受、心灵的激情、头脑中的幻觉都写了出来，层层递进，一气呵成，淋漓尽致。卢诗比前辈诗人更夸张、更细腻、更气派，经他这么一写，可以说是"题无剩义"了。在思想上，这首诗杂糅儒道，一首山人——隐士的诗作，却把关节点放在了民众的疾苦上。

关于卢仝的史料并不多，《唐才子传》卷五《隐逸》算是最集中而详细的记载了：

> 卢仝，范阳人，初隐少室山，号玉川子，家甚贫，惟图书堆积。后卜居洛城，破屋数间而已，一奴长须不裹头，一婢赤脚老无齿，终日苦哦，邻僧送米。朝廷知其清介之节，凡两备礼，征为谏议大夫，不起。……元和间月蚀，仝赋诗，意讥切当时逆党，愈极称工，余人稍恨之。时王涯秉政，胥怨于人。及祸起，仝偶与诸客会食涯书馆中，因留宿。吏卒掩捕。仝曰："我，卢山人也。于众无怨，何罪之有？"吏曰："既云山人，来宰相宅，容非罪乎？"仓忙不能自理，竟同甘露之祸。[1]

甘露之变时，卢仝恰巧在宰相王涯府上。临死，卢仝试图用自己隐士、与世俗权力无缘的身

① [元]辛文房：《唐才子传校笺》，傅璇琮校笺，北京：中华书局，1989年，第267-269页。

份逃脱厄运。可是隐士在宰相府本身就不合常识，他也因此被政变的吏卒问得哑口无言。其实卢仝也是个半儒半道，他的儒、道思想并不像后来的白居易等人那样融合得十分充分，道家的高蹈养生与儒家的济世利民在他心里总是较着劲儿，使他既不能无忧无虑、飞驰在天，也不能不惜一切为苍生请命。

总之，茶文化在形成之初就在其内敛平淡的生化性质的基础上打造出清高超然的文化性格，至少在初唐就为饮茶生活贴上了隐逸的标签，隐士成了茶叶消费的象征性群体。于是这个消费群体将自己的文化身份印深深地烙在了饮茶生活上，左右茶文化的走向，制约茶文化的属性，隐逸成为饮茶的文化身份。达则兼济，穷则独善，总的说来唐代隐士具有这种浪漫主义理想，最终“出处之情一致，筌蹄之义两忘”（王勃《夏日宴张二林亭序》），隐与仕可以并行不悖，陆羽、卢仝的选择就是最好的例证。

四　唐宋茶文化的转型

中国古典茶文化在中唐达到了前所未有的高度，可是内部却发生了本质的变化，陆羽首先面对这个问题。唐代封演《封氏闻见记·饮茶》记录了下面的故事：

楚人陆鸿渐为《茶论》，说茶之功效并

煎茶、炙茶之法。造茶具二十四事，以都统笼贮之，远近倾慕，好事者家藏一副。有常伯熊者，又因鸿渐之论广润色之，于是茶道大行，王公朝士无不饮者。御史大夫李季卿宣慰江南，至临淮县馆，或言伯熊善茶者，李公请为之。伯熊著黄被衫、乌纱帽，手执茶器，口通茶名，区分指点，左右刮目。茶熟，李公为啜两杯而止。既到江外，又言鸿渐能茶者，李公复请为之。鸿渐身衣野服，随茶具而入。既坐，教摊如伯熊故事，李公心鄙之。茶毕，命奴子取钱三十文，酬煎茶博士。鸿渐游江介通狎胜流，及此羞愧，复著《毁茶论》。

李季卿（？—767）宣慰江南是在广德二年（764）。因安史之乱而来到江南的陆羽这时寓居丹阳。大家对文面的理解是陆羽因受李季卿的误解和侮辱，采取了极端的做法，撰写了《毁茶论》。习惯于伦理判断的中国人从心里认为陆羽出尔反尔，背叛了自己的事业，在人格上有问题。可是作为茶文化的象征性人物，又无法批评陆羽，因为对自己所从事、所热爱的茶文化有釜底抽薪的感觉，至少也要“为尊者讳”，于是或者避而不谈，或者否认史料的真实性。避而不谈，无济于事；臆测地否定不符合自己意愿的史料，是文献学研究之大忌。如果平心静气地阅读、推敲该史料，把这个事件放在陆羽的人生中、放在中国茶文化史上进行考察，就可以发现其中更加有意义的信息，对于我们理解中国茶文化性格的演变多有裨益。

首先，陆羽撰写了《毁茶论》，但是这里的茶有所指，就是常伯熊的茶。

广德二年，陆羽时年 31 岁，但是成就斐然，《茶经》已经完成，对于社会上流行的茶道产生了深刻的影响，成为当时茶道建设的基础。陆羽的茶具组合被制度化，而且被普遍遵守。这是封演事后的总结。李季卿对于茶很感兴趣，从首都长安出发，由北向南巡视，先在安徽观赏了在陆羽茶道基础上进行演绎的常伯熊茶道，到了江苏丹阳又特别邀请了陆羽。可是陆羽让他失望了，因为陆羽与常伯熊的茶道没有原则差异。这是由于李季卿以自己观看的顺序为基准，表面而直观地认为陆羽模仿甚至抄袭常伯熊，最后通过赏钱的方式惩罚让他厌恶的“剽窃者”陆羽。殊不知李季卿完全弄反了陆羽与常伯熊在茶道上的关系，陆羽才是这个茶道的原创人。

在当地的社交界相当有名的陆羽忍无可忍，丧失理智，撰写《毁茶论》，发出毁灭茶叶的怒吼。封演的行文很自然地让人们这样理解。但是，陆羽是否就与茶一刀两断了呢？没有。除此以外，没有丝毫迹象表明他反对茶，相反一如既往地为茶奔波。皎然的《往丹阳寻陆处士不遇》诗作于此事发生之前还是之后一时难以考证。但是陆羽在 766—768 年间，“以为芬香甘辣冠于他境”，而向常州刺史李栖筠建议把义兴紫笋作为贡茶。770 年春，陆羽将“顾渚山中紫笋茶两片”寄给杨绾，在《寄茶与杨祭酒书》中表达了对于紫笋茶的喜爱。此时他已经去了湖州，不久颜真卿到任，陆羽的茶文化活动更加频繁，其中包括对《茶论》的修订。就是说，这个事件并没有使得陆羽离开茶，离开茶文化研究，《毁茶论》不是单纯字面意义的对于茶的全面极端否定。

从陆羽“见人为善，若己有之；见人不善，若己羞之。苦言逆耳，无所回避”的性格来看，不可能因为个人一时的得失而做出不负责任的事情。陆羽确实不是城府很深的人，甚至正好相反有非常鲜明的个性，以致“故楚人相谓：陆子盖今之接舆也”。接舆是春秋时楚国隐士，佯狂避世。因其迎孔子车而歌，故称接舆。但是陆羽的狂狷有一个良好的个人品格基础，“闻人善，若在己，见有过者，规切至忤人。朋友燕处，意有所行辄去，人疑其多嗔。与人期，雨雪虎狼不避也”(《新唐书》卷一百九十六《隐逸传》)。就是说，陆羽不会隐瞒自己的观点，况且他有更加纯粹坦诚的判断基准。这里的问题是陆羽究竟想

“毁”什么茶，毫无疑问是常伯熊的茶。

那么，何为常伯熊的茶?

从以上的分析可以看出，李季卿的误解无礼是陆羽著《毁茶论》的诱因，但是《毁茶论》不是意气之争，而有着更加深层的意义。再回过头去看《封氏闻见记》的记载，分析让李季卿误解常伯熊茶道与陆羽茶道的原因。

《封氏闻见记》围绕着常伯熊茶道与陆羽茶道着重记载了两个方面的内容：

一是穿着。常伯熊是黄被衫、乌纱帽，而陆羽则是野服。

唐代郑处诲《明皇杂录》卷下：

> 杨贵妃姊号虢国夫人，恩宠一时，大治宅第，栋宇之盛，举无与比，所居韦嗣立旧宅。韦氏诸子方午偃息于堂庑间，忽见妇人衣黄罗帔衫降自步辇，有侍婢数十人笑语自若，谓韦氏诸子曰：“闻此宅欲货，其价几何？”韦氏降阶曰：“先人旧庐所，未忍舍。”语未毕，有工数百人，发东西厢，撤其瓦木。韦氏诸子乃率家童挈其琴书，委于路中。而授韦氏隙地十数亩，其宅一无所酬。

其中出现的“黄罗帔衫”在其他场合都作

“黄披衫”，《明皇杂录》的记载从侧面印证了这是一种非常贵重的衣服。

乌纱帽也一样，据五代马缟《中华古今注》卷记载：

> 武德九年（626）十一月，太宗诏曰：“自今已后，天子服乌纱帽，百官士庶皆同服之。”

由此看来，乌纱帽是上自帝王，下至百官的上层社会普遍使用的服饰。但是谪仙李白戴乌纱帽给它平添了一份浪漫与优雅，据明代彭大翼的《山堂肆考》卷一百八十九《衣服·李白过淮》记载：

> 李白玩月金陵诗序，白着紫绮裘、乌纱帽，与客数人棹歌过淮，人皆异之。

即便常伯熊不是模仿李白，至少可以看出常伯熊的服饰高贵而且时尚。而陆羽的野服则比较复杂。本来是村野匹夫的衣服，但是特定的人可以赋予它特定的象征意义，比如晋代的张忠，据《晋书》卷九十四《隐逸·张忠传》记载：

> 张忠字巨和，中山人也。永嘉之乱隐

于泰山，恬静寡欲，清虚服气，飡芝饵石，修导养之法。冬则缊袍，夏则带索。端拱若尸，无琴书之适，不修经典劝教，但以至道虚无为宗。其居依崇岩幽谷，凿池为窟室。弟子亦以窟居，去忠六十余步。五日一朝其教，以形不以言，弟子受业，观形而退。立道坛于窟上，每旦朝拜之。食用瓦器，凿石为釜。左右居人，馈之衣食，一无所受。好事少年颇或问以水旱之祥。忠曰："天不言而四时行焉，万物生焉。阴阳之事，非穷山野叟所能知之。"其遣诸外物，皆此类也。年在期颐，而视听无爽。苻坚遣使征之。使者至，忠沐浴而起，谓弟子曰："吾余年无几，不可以逆时主之意。"浴讫就车。及至长安，坚赐以冠衣。辞曰："年朽发落，不堪衣冠，请以野服入觐。"从之。及见，坚谓之曰："先生考磐山林，研精道素，独善之美有余，兼济之功未也。故远屈先生，将任齐尚父。"忠曰："昔因丧乱，避地泰山，与鸟兽为侣，以全朝夕之命。属尧舜之世，思一奉圣颜。年衰志谢，不堪展效，尚父之况，非敢窃拟。山栖之性，情存岩岫。乞还余齿，归死岱宗。"坚以安车送之，行达华山，叹曰："我东岳道士，没于西岳，命也。奈何？"行五十里及关而死。使者驰驿白之坚，遣黄门郎韦华持节策吊，祀以太牢，褒赐命服，谥曰安道先生。[①]

《张忠传》不长，但是作为引文却也不短，全部引用的原因是他穿着野服的价值观的具体写照。面君的臣子穿戴官服是礼节的要求，即便在现代社会服饰也同样是社交礼节的基本要求。而对于张忠来说，由于他的社会知名度以及超越世俗的身份、高龄等各种原因，苻坚允许他游离于朝廷的、社会的一般秩序之外。而陆羽在李季卿的心目中不具备张忠的地位，仅此就已经引起李季卿的反感。下面进行的茶道演示，更加肯定了李季卿的看法。

常伯熊在演绎根据陆羽的茶道而自己加工改造的茶道时做了精心安排，各种茶器事先已经放置好。演示时，他一面手执茶器操作，一面随时解释，向观赏者通报茶名，层次分明，解说到位，令大家刮目相看。而陆羽则是与茶器一同入场，过程与常伯熊无二。陆羽穿着野服已经给李季卿怠慢失礼的第一印象，再加上陆羽“剽窃”常伯熊的茶道，李季卿对于陆羽彻底失望了，于是采取了“以牙还牙”的过激举动。陆羽视自己为茶道祖师，自己的隐逸茶为茶道正宗，也得到自己的社交圈的美誉，但是对于李季卿，陆羽失算了。尽管李季卿对茶道非常感兴趣，但是对其

①［唐］房玄龄等撰：《晋书》卷九十四，北京：中华书局，1974年，第2451页。

中原委并不熟悉，而且作为朝廷大臣，拥有比风流更加重要的人物品评标准，那就是礼仪。在此时此刻的李季卿看来，陆羽一无是处。

事实上，常伯熊的茶道颇具观赏性，其性质殆为雅玩、游艺，不符合陆羽对于茶道的寄托，因为陆羽赋予茶“精行俭德”等很强的社会责任。这个事件意味着唐代茶道已经在基本定位上分化，而陆羽的《毁茶论》就是对于常伯熊不同于自己文化理念茶道的激烈批判。但是最终还是陆羽失败了，因为时代思潮发生了变化，陆羽的主张与两晋一脉相承，而陆羽以后承担沉重政治社会责任的茶道再也没有出现，相反作为雅玩游艺的茶道一直延续下来。

那么中唐究竟发生了什么样的变化。不妨看看李泽厚的总结：

> 一个很有意思的情况是，杜、颜、韩的真正流行和奉为正宗，其地位之确立不移，并不在唐，而是在宋。有唐一代直至五代，骈体始终占居统治地位，其中也不乏名家如陆宣公的奏议、李义山的四六等等，韩柳散文并不流行。同样，当时杜诗声名也不及元、白，甚至恐不及温、李。韩、杜都是在北宋经欧阳修（尊韩）、王安石（奉杜）等人的极力鼓吹下，才突出起来。颜书

虽中唐已受重视，但其独一无二地位之巩固确定，也仍在宋代苏、黄、米、蔡四大书派学颜之后。这一切似乎如此巧合，却非纯为偶然。它从美学这一角度清晰地反映了当时社会基础和上层建筑的变化。新兴的士大夫由初（唐）入盛（唐）而崛起，经中（唐）到晚（唐）而巩固，到北宋，则在经济、政治、法律、文化各方面取得了全面统治。杜诗颜字韩文取得统治地位的时日，正好是与这一行程相吻合一致的。如开头所说，世俗地主（即庶族、非身份性地主，相对于僧侣地主和门阀地主）阶级比六朝门阀士族，具有远为广泛的社会基础和众多人数。它不是少数几个世袭的门第阀阅之家，而是四面八方散在各个地区的大小地主。他们欢迎和接受这种更为通俗性的规范的美，是完全可以理解的。虽然这一切并不一定是那么有意识和自觉。然而，历史的必然经常总是通过个体的非自觉的活动来展现。文化史并不例外。[①]

确实茶文化史也是这样一个发展轨迹。庶族地主阶层日益发展壮大，在政治、经济、文化各方面的发言权也越来越大，提出了那个时代的文化“大众化”诉求。就饮茶生活来说，陆羽以

① 李泽厚：《美的历程》，北京：生活·读书·新知三联书店，2014年，第147-148页。

士族贵族价值观赋予茶以沉重的社会使命，但是新兴的庶族文人却希望走更加休闲审美的道路，文化成为消费对象，这个分歧落实到了陆羽、常伯熊这两个茶文化的代表人物的头上，而李季卿作为第三方的消费者代表对他们的产品做了评判选择。于是坚持茶文化精英化道路的陆羽失去了支持，而陆羽对自己的落选难以接受，今天审视陆羽的茶文化定位也会承认的确具有更加直接的社会和伦理意义。

但是，尽管陆羽的茶文化定位不被普遍认可接受，他本人却继续被崇拜，饮茶生活也方兴未艾。因为这是一个新兴的世界，天才陆羽又鹤立鸡群，没有可以动摇根本的竞争对手，不像有着悠久传统的诗文书的世界群雄争霸。而且陆羽一个人、《茶经》一本书就具备唐型文化和宋型文化的两种要素，区别在于选择哪个、发展哪个而已，别忘了常伯熊就是演绎陆羽的茶道。陆羽的“茶具二十四器”就是典型的娱乐，而且“但城邑之中，王公之门，二十四器阙一，则茶废矣”，形式具有决定性意义。可是这句话却偏偏写在了为隐士简化饮茶生活提供合法性的“九之略”中，自相矛盾暴露无遗。“杜甫、颜真卿、韩愈这些为后期封建文艺定规立法的巨匠们，其审美理想中渗透了儒家的教义。他们要求在比较通俗和具有规范的形式里，表达出富有现实内容的社会理想和政治伦理主张”（李泽厚《美的历程》）。陆羽又何尝不是如此？对于饮食生活一个组成部分的茶，陆羽把它定位成“为饮最宜精行俭德之人”；在一件日常生活器皿的风炉上刻上充满民族意识的“灭胡”字样；对自己的定位也不满足于隐士，而要与伊尹抗衡，所谓“伊公羹，陆氏茶”。“峭洁清远，遗世独立，绝非盛唐之音，而是标准的中唐产物”。可是一旦常伯熊赤裸裸地娱乐时，陆羽又无法接受了。中唐进取与退隐的内在矛盾在陆羽身上同样体现得一览无余。由此看来，陆羽对茶的定位只是他的宏伟蓝图，不是被抛弃，而是其本身就无法落实，但是陆羽茶道的形式却是经典，即便是常伯熊也在继承。

之后的茶文化逐渐放弃了沉重的社会政治责任，更加注重个人的情趣与审美。宋徽宗赵佶在《大观茶论》中堂而皇之地宣告饮茶雅玩清尚的文化性格。宋徽宗主张茶不是与生俱来而嗜好、必需的饮食，而且饮茶不仅需要物质的保证，即茶农提供优质的茶，还需要具备个人修养以深切地理解茶，需要有良好的社会条件以雍容地品味茶【图1–9】，而宋代之所以茶道兴盛正是具备了这些条件。宋朝从立国之初就注重茶叶的生产与消费，因此名品辈出，目不暇接。这个时代，经济高度发展，社会安定富裕，政府无为而治。缙绅之士，布衣之流，无不享受时代恩泽，接受

图 1-9 宋徽宗《文会图》
台北故宫博物院藏

德化熏陶，推重高雅风尚，投入饮茶生活之中，使得饮茶达到登峰造极的程度。既然社会殷实，人民富裕，日常所需得到充分的满足，已经厌倦了杯盘狼藉的生活，钟情于饮茶，因为这是清高风尚。所谓“而天下之士，励志清白，竞为闲暇修索之玩，莫不碎玉锵金，啜英咀华，较筐箧之精，争鉴裁之别，虽下士于此时，不以蓄茶为羞，可谓盛世之清尚也”（赵佶《大观茶论》）。对于平民百姓来说，从更加生活化的角度来看，就是所谓的“盖人家每日不可缺者，柴米油盐酱醋茶”（吴自牧《梦粱录》）。

五　作为唐代生活文化象征的饮茶习俗的传播

唐代是胡化程度很高的时代，同时外国也大量吸收中国文化要素，高丽、日本等国家大规模地吸收、模仿中国文化。文化交流就是这样，不可能只出不进，一般的规律是文化越发达，文化的吞吐量就越大。当茶文化成为中国文化的象征时，首先周边民族对它另眼相看。南北朝时期的少数民族对于是否应该接受饮茶习俗尚有异议，北魏彭城王元勰对于王肃、刘镐的嘲讽就是最典型的例子。到了唐代，少数民族对于汉族的饮茶习俗在观念上发生了根本的变化，李肇《唐国史补》卷下记载的吐蕃的例子最能反映这种变化：

> 常鲁公使西蕃，烹茶帐中。赞普问曰：“此为何物？”鲁公曰：“涤烦疗渴，所谓茶也。”赞普曰：“我此亦有。”遂命出之。以指曰：“此寿州者，此舒州者，此顾渚者，此蕲门者，此昌明者，此㴩湖者。”

建中二年（781），常鲁被任命为入蕃使，出使吐蕃。这时的吐蕃赞普是赤松德赞（742—798）。《新唐书·吐蕃传》云："其俗谓强雄曰赞，丈夫曰普，故号君长曰赞普。"在吐蕃诸王之名字中多有此字，以示崇巍。赤松德赞在唐天宝十四年（755）嗣位，为吐蕃的繁荣富强做出过伟大贡献，与松赞干布、赤祖德赞并称吐蕃三大法王。在赤松德赞执政的757年，唐蕃进行第四次和盟。广德元年（763），赤松德赞又联合南诏、党项、吐谷浑、回讫等部族，由吐蕃将领达扎路恭率20万联军攻入长安。

常鲁在帐篷中烹茶时，赤松德赞问道："这是什么？"常鲁回答："这是去烦闷，解干渴的茶。"赞普说："我也有茶。"命令手下取来。赞普逐一解释他的茶："这是安徽寿县的茶，这是安徽安庆的茶，这是浙江顾渚的茶，这是湖北蕲春的茶，这是四川绵阳的茶，这是湖南岳阳的茶。"赞普收集的茶叶产地遍布长江流域，如果不是茶叶流通已经非常发达顺畅，全国各地的茶叶都可以在西藏市场上购置，那就是赞普对于茶叶的兴趣异常浓烈。唐代史料尤其是与西藏相关的史料过于稀少，唐代西藏的茶叶流通状况难以追究，但是从宋代西藏地区完全接受饮茶习俗的历史发展过程推溯，唐代西藏的茶叶供应应该在某种程度上得到保证，因为这是形成饮茶习俗的基础。

与彭城王元勰迥然不同，赤松德赞先是明知故问，然后主动炫耀，似乎想通过茶叶表现自己的汉文化修养不亚于唐朝大臣。

赤松德赞对于饮茶习俗的看法不仅在一定程度上代表了吐蕃民族的看法，而且反映了这个时代边疆地区对于饮茶的认识，因为生活在新疆的回鹘对于饮茶的态度同样与鲜卑贵族元勰的看法有天壤之别，封演在《封氏闻见记》卷六中说：

> 按此古人亦饮茶耳，但不如今人溺之甚。穷日尽夜，殆成风俗。始自中地，流于塞外。往年回鹘入朝，大驱名马，市茶而归。亦足怪焉。

回鹘，唐初臣服于东突厥，744 年东突厥灭亡，在之后的一百多年里回鹘控制了整个蒙古高原。安史之乱时，回鹘协助唐朝平叛，由此与唐朝建立了更加密切的关系。但是密切的交往也带来了频繁的冲突，双方关系也有很大的波折。与吐蕃一样，回鹘也提出通婚要求，唐下嫁了公主。由于回鹘实际统治着蒙古高原，这里是中国最重要的马匹产地，于是唐朝政府也屡次要求回鹘提供战马。就是在这个历史背景之下，孕育了茶马贸易。回鹘用优质马匹换取他们所需要的茶叶。封演对于饮茶习俗普及的基础有很准确的认识，即回鹘接受汉族饮茶习俗是饮茶习俗在唐代汉民族中高度发达而产生的结果，只是为回鹘能以如此大的规模以及用宝贵的马匹来换取看似可有可无的奢侈品的茶叶而觉得不可思议。宋代以后人们开始认识到，茶叶对于汉族和中国周边以游牧为主要生活方式的少数民族的意义是不同的，对于汉族来说，茶叶再普及也只是一种日常化的嗜好品，但是对于以乳肉为主要食物缺乏蔬菜的游牧民族来说，茶叶是重要的维生素来源，因此茶叶对于他们来说是生活必需品。千百年来，茶叶对这些少数民族的健康做出了难以估算的贡献。这是茶在西方的传播。

在东方，隋朝时，朝鲜半岛北部的高句丽、东南部的新罗、西南部的百济三国鼎立，其中新罗的发展势头最为强劲。唐高宗时，百济和高句丽的联军攻打新罗，新罗向唐朝求救。660 年，唐朝与新罗联军灭了百济。百济遗臣向日本求救，日本出兵朝鲜。663 年，白村江战役，唐朝与新罗联军再次打败日本，并乘胜攻打高句丽，668 年，灭高句丽，朝鲜半岛统一，迎来了朝鲜半岛的全盛时代。尽管新罗国进而赶走了唐朝军队，但是在政治、经济、文化等多方面积极吸收唐代文化，其中也包括茶文化。

在金富轼完成于 1145 年，记载高句丽、新罗、百济三国历史的《三国史记·新罗本纪》中，有朝鲜半岛引进中国茶树种子的记载：

> 冬十二月，遣使入唐朝贡。文宗召对于麟德殿，宴赐有差。入唐回使大廉持茶种子来，王使命植于地理山。茶自善德王有之，至于此盛焉。

新罗兴德王三年（828）冬十二月，派遣使者入唐朝贡。唐文宗（826—840年在位）在麟德殿召见了入唐回使大廉，并且赐宴款待。大廉在回国时，带回了茶树种子。据说茶在与唐太宗约同时代的善德女王时代（632—646年在位）就有了。但是，在大廉带回的茶树种子成功播种继而逐渐形成朝鲜茶业之前，朝鲜半岛各国的茶叶只能依赖进口。其实兴德王之前的茶史料不止一条，在新罗第三十代文武王即位的661年，文武王命令将金首露王庙与新罗宗庙合祀，在驾洛国以来的祭日正月三日与七日、五月五日、八月五日与十七日，设酒、酒酿、饼、饭、茶、果等祭奠。即《三国遗事》中所称："每岁时酿醪醴，设以饼饭茶果庶羞等奠，年年不坠。其祭日不失居登王之所定年内五日也。"

相比之下，日本的史料更加丰富。日本奈良时代（710–794）和平安时代前期（794–1192），以圣德太子为中心实施新政，开始时通过朝鲜半岛吸收中国的佛教和儒家思想。隋立国后，日本直接派遣使者建交，随即派遣留学生，加大了吸收中国文化的力度。在国内政治上，制定冠位、颁发宪法，推行大华改新，使日本进入封建时期。日本史学家坂本太郎指出：

> 这个时代的文化，最引人注目的特点就是唐风的盛行。无论是儒教、佛教、律令政治，还是学问艺术各方面，都是照搬唐朝的样式，或者稍加修改增删，总之无不与唐风有关。人们认为唐文化具有最高的水平，尽早达到它那样的水平，是当时一般的共同目标。[①]

这些特点一直维持到平安时代，如果以遣唐使为标志的话，一直维持到了唐代灭亡。天应元年（781），桓武天皇即位，把首都从奈良平城迁到了平安。他所推行的新政，一扫前代佛教政治的流弊，大力推行律令政治，从而开创了一个崭新的时代。一直到醍醐天皇时代，是为平安时代前期。这一时期日本在政治上保持律令制度，确立了公卿合议制；在文化上经过弘仁·贞观的唐风文化时期，国风文化进入萌芽期。

憧憬中华文明的日本遣唐使、留学生、学问僧把他们在中国养成的饮茶生活习惯带回了祖

① ［日］坂本太郎：《日本史概说》，北京：商务印书馆，1992年，第90页。

国，作为值得自豪的优雅修养，他们积极地向社会展示，向天皇鼓吹。日本最早的饮茶史料是弘法大师空海（774—835）著于弘仁五年（814）闰七月八日的《献梵字及杂文表》。空海从中国留学回国后，向天皇献上了《古今文字赞》《古今篆隶文体》《梵字悉昙字母并释义》等文献，为此而作是表。在提到他的学习生活时涉及茶："观练余暇，时学印度之文，茶汤坐来，乍阅振旦之书。"（空海《性灵集》）振旦，一般写作震旦，是古印度语"中国"的音译。空海把茶汤作为一种象征与中国联系了起来。

日本正史最早的饮茶史料见于藤原绪嗣等编纂的《日本后纪》（完成于贞和七年，840年）：

> （弘仁六年四月，815年）癸亥，（嵯峨天皇）幸近江国滋贺韩埼，便过崇福寺。大僧都永忠、护命法师等率众僧奉迎于门外。皇帝降舆，升堂礼佛。更过梵释寺，停舆赋诗，皇太弟及群臣奉和者众。大僧都永忠手自煎茶奉御，施御被，即御船泛湖，国寺奏风俗歌舞。

弘仁六年（815）四月，为中国文化倾倒的嵯峨天皇行幸滋贺时到寺院礼佛，并与群臣诗赋唱和，永忠和尚（743—816）作为中国文化代言人，亲自煎茶献给天皇，既表现了自己的汉文化修养，也体现了对天皇的尊重，得到赏赐。永忠在 777 年入唐留学，805 年回国。他在中国居留 28 年，从茶在唐代寺院的利用频度和在社会的普及程度上推论，他不可避免地频繁接触僧俗茶礼、茶会；从他回日本十年后还向天皇献茶这件事情来看，他在中国时已经养成饮茶习惯，如果不是习惯爱好，一旦离开万全的环境就会自然而然地放弃。包括永忠在内的大量学问僧和留学生在回国之后，向国人介绍他们已经拥有并引以为豪的中国生活方式，其中就包括饮茶。学问僧在日本寺院实行中国的清规礼法，茶礼在僧侣这一特定范围内被频繁宣传应用。

日本原本不产茶，随着饮茶规模与频度的扩大，单靠进口已经不能满足社会的需要，再加上流通手段的技术性限制，难以保证货源，出于现实的供需便利和理想的模仿中国风流等方面的考虑，开始尝试自己生产茶叶。弘仁六年六月，嵯峨天皇下令在畿内（大约相当于现在的大阪、京都二府和奈良、和歌山、滋贺三县的一部分）及其附近的地区种植茶树，年年供奉皇室使用，甚至在皇城的东北角开辟了茶园。这是饮茶在日本贵族、僧侣阶层已经一定程度上形成了习俗的最有力的证据。

在中国，诗文创作是文人的基本修养，这一

价值观也影响到了整个中华文化圈，至少中国周边的亚洲国家都把它作为上层社会文化素养的标志。平安时代的日本人创作了大量的汉诗，汇编为《凌云集》《文华秀丽集》和《经国集》三大御敕诗集。前引《日本后纪》中就提到嵯峨天皇在位于今滋贺县蒲生郡的梵释寺与群臣诗赋唱和，当时有没有创作咏茶题材的作品无法考证，但是在日本早期的汉诗集中确实收录了一些茶诗。比如，小野岑守等《凌云集》收录的嵯峨天皇在弘仁四年写的诗《秋日皇太弟池亭》就提到了茶：

玄圃秋云肃，池亭望爽天。
远声惊旅雁，寒引听林蝉。
岸柳惟初口，潭荷叶欲穿。
肃然幽兴处，院里满茶烟。

该诗作于永忠向嵯峨天皇献茶之前，可见中国饮茶文化的传播者已经大有人在，并且拥有影响天皇的力量，使得天皇和贵族接受了茶文化。

嵯峨天皇的皇太弟、后来的淳和天皇在藤原氏闲居院与嵯峨天皇诗词唱和，在《夏日左大将军藤原朝臣闲院纳凉探得闲字应制》诗中提到了茶：

此院由来人事少，况乎水竹每成闲。
送春蔷棘珊瑚色，迎夏岩苔玳瑁斑。

避景追风长松下，提琴捣茗老梧闲。
知贪鸾驾忘嚣处，日落西山不解还。[①]

藤原氏的闲居院成了上层社会风流聚会、展示才华的舞台。这些诗的“幽兴”“涤烦虑”情绪背景都是一致的；与中国文人的茶诗相比，在意境上完全相同，可见对中国文化极尽模仿之能事。不仅与道家的超脱仙风一脉相承，就是与现代日本茶道的精神也是一致的。这不仅是日本崇尚中华文化的结果，也是茶文化中存在的跨文化共同要素的反映。

《文华秀丽集》是藤原冬嗣等奉嵯峨天皇御敕修撰的，完成于弘仁九年（818），其中收录有嵯峨天皇的茶诗《答澄公奉献诗》，诗中佛、道的思想反映得比较充分：

远传南岳教，夏久老天台。
羽客亲讲席，山精供茶杯。
深房春不暖，花雨自然来。
赖有护持力，定知绝轮回。

澄公就是传教大师最澄（767—822）。传说最澄入唐求法，从天台山带回茶种，种植在比睿山麓的日吉茶园，成了日本茶的发祥地。

以茶为题材的汉诗的出现，尤其是三大御

①［日］藤原冬嗣等：《文华秀丽集》卷上，现代思潮社，1982年。

敕诗集都收录了茶诗，从一个侧面反映了茶文化在日本的渗透深度和广度。在中国，诗词唱和是文人茶会最主要的主题之一，茶与诗紧密结合在一起，在唐代达到了鼎盛时期，其相辅相成的关系不难想象。日本在接受中国文人修养的重要标志——诗词的同时，也接受了风流雅尚的饮茶，并且也像唐朝的文人那样饮茶、咏茶。咏茶诗的数量有限也说明饮茶习俗的接受程度有限，但是此时汉诗等文学创作与饮茶的结合为以后日本在重组茶文化时把茶与和歌的结合作了演练，在日本茶道的形成中起到举足轻重作用的武野绍鸥就是一位著名的连歌师。

日本研究者一般认为这些诗中描述的内容不是日本的现实生活，而是仰慕中国文学的世界进而创造出来的虚构生活氛围。因为在 9 世纪的日本尚未最终接受饮茶习俗，日本茶文化不可能达到这种精神境地。事实上尽管日本已经开始尝试自己生产茶，在上层社会对饮茶也达到了痴迷程度，但是从整个平安时代看，日本茶文化不仅没有发展起来，相反在中后期退到了濒临衰亡的程度。

饮茶是一种生活性很强的礼仪、雅尚，它既不是国家政治、经济、文化制度必不可少的组成部分，也不是个人生理不可或缺的营养来源。日本方方面面都要学习中国，这里就有一个轻重缓急的次序问题，这个次序不是个人决定的，而是社会选择的结果。遣唐使、留学僧被中国高雅的饮茶习俗、严谨的茶礼规范所吸引，把中国的饮茶仪礼带回了日本，成功地介绍给了以天皇为代表的社会上层，发展到不单纯依赖从中国进口而尝试自己生产茶叶的程度。我们说接受一种文化的传播，但是就其根本而言并不是机械模仿地接受，而是在母文化基础上的一次再创造，有无再创造的能力最终决定文化传播的成败。在接受中国文化的进程中，“日本化”是一个不可或缺的“消化”过程，决定着文化传播的成败。这本是文化传播的普遍规律。在茶文化的传播中，日本不仅在制茶技术上与中国完全一样，在比较容易附加民族个性成分的饮茶意识等方面也同样极尽模仿中国之能事。只能说日本非常认真地模仿了中国茶文化，达到了“以假乱真”的地步。如果把这些日本史料与中国史料放在一起，根本无法分辨出饮茶的日本特色。平安时代的日本在接受中国饮茶习俗时还不具备改造的能力，这才是日本这次最终没有能够消化、接受中国茶文化传播的根本原因。

六　饮茶生活统合与整合

茶通过与其他生活文化的统合而更加充实，最有名的说法当然是“琴棋书画诗酒茶”，但是在这七个元素中，与琴棋书画诗拥有高度技能性、艺术性特征相比，酒茶从官能出发，带有更强的享乐性。相对于琴棋书画诗，酒茶是背景元素，把自己的娱乐性注入这些主题元素中，把琴棋书画诗的才能展示变成了修养沟通，少了剑拔弩张的输赢较量，多了环肥燕瘦的兼容审美。

中国文学艺术源远流长，其中固然有专业技术的要素，但是同样具有人文修养的意义。在中国文化中，将物质属性人格化是一个非常常见的现象。就花卉来说，典型的人格化例子是梅兰竹菊“四君子”。同样，中国文化也把技术、艺术人格化，在这种思维方式下琴棋书画诗成为评定一个人的文化素养的基准。

琴棋书画诗单项的人格化在先秦已显端倪，在儒家六艺“礼、乐、射、御、书、数”中就包括音乐，可见孔子对于音乐的定位异常高。在论述教化的顺序时，孔子认为是从学诗开始，由礼仪而在形式上完备，由音乐最终完成，即“兴于诗，立于礼，成于乐”（《论语·泰伯》）。上古贤明的帝王演奏音乐，不是用以恣意娱乐，而是为了治理国家。端正教化都从音乐开始，音乐走上正轨品行才能得以端正，因为音乐可以“动荡血脉，通流精神”，进而使心和平中正。礼乐并称，其功用的差异在于，“乐以治内而为同，礼以修外而为异”（《汉书·礼乐志》）。大家相同则和亲，相异则产生敬畏之心。和亲则没有怨恨，敬畏则不争夺。由此形成揖让的社会风俗，天下大治，礼乐的根本也就在这里。畏敬之意难见，于是通过祭祀礼仪表现；和亲之说难形，于是有诗歌管弦的音乐。

钟鼎是帝王之乐，显示地位，重视排场；而文人雅士更多的使用琴来抒发情感，于是琴成为修身养性的媒介。如果准备弹琴，就要沐浴更衣，焚香危坐。弹奏之前调试弦音，弦音不准暗示违反天意，或者表明意念纷杂，此时不宜动琴。而断弦、杂音则是不祥之兆。在弹琴中完成人与人、人与自然、人与天的沟通。在忘我的弹奏与赏玩中，感受天伦人常，领悟天地运化、人生悲欢。弹琴的目的是修养心性，因此乐曲不是急弦繁音，去而不返，而是舒缓悠扬，余音绕梁，最终进入发乎情而止乎礼的境界。

但是，就像孔子所说的，礼以节人为贵，乐以和人为本，玉帛钟鼓乃其末也。具体的乐器乃至音乐是支流末节，极端的例子就是陶渊明的无弦素琴。陶渊明不会弹琴，但是却“抚弄以寄其意”。伯牙高山流水的境界固然是乐者追求的目标，而陶渊明无弦之音更超越了声音这个乐的载体层面，而达到了另一个更高的境界。

起源于中国的围棋同样蕴藏着深厚的传统意识。围棋的起源是自然的启发和人为模仿发挥的结果，目的是娱乐。这个娱乐因世隔两尘、待隐之园的环境，大隐、巨儒的弈者显得清雅逍遥。棋局风云变幻，弈法变化无穷。但是所追求的境界并非争强斗胜，而是“享乾坤之清夷，悟盈虚之妙理。期大雅之明哲，诚国手之擅美”。棋到收盘，心会神明，感叹棋艺，不言胜负，推盘一笑，目送浮云远游。

书画同为通过线条抒情达意的艺术，中国有书画同源的艺术传统。晋代书法在技艺上达到巅峰，在文化上已经成为风流的重要表现形式，由此或可以理解王羲之父子何以如此注重传承书法艺术，以及有关趣闻佳话何以被广泛喜闻乐道。中国绘画种类丰富，与专业画家相比，文人画家的作品不仅数量大，而且更能反映中国绘画艺术的特征。中国有文如其人的说法，将书画作品与作者的道德品质相联系，元代书法家赵孟頫是宋朝的宗室，可是宋被元灭亡后成为元朝大臣，于是受到很多人的批评，明清之交的大书画家傅山甚至斥之为“匪人”。

琴棋书画的组合应该完成于魏晋南北朝时期。就时代大背景而言，这是一个注重个性的时代，贵族们的生活精致化，生活文化高度发达。就各项技艺而言，琴棋书画都有长足发展，并且成为风流的表现形式，用于评判人物修养。南朝梁朱异既长乃折节从师，遍治五经，尤明《礼》《易》，涉猎文史，兼通杂艺，博弈书算皆其所长。

年二十诣都尚书令沈约，面试之。因戏异曰：‘卿年少,何乃不廉？’异逡巡未达其旨。约乃曰：‘天下唯有文义棋书，卿一时将去，可谓不廉也。’”(《梁书》) 即朱异的修养以五经为根本，广泛涉猎文学历史,之后兼通各种技艺,包括局戏、围棋、书法、算术。在风流领袖沈约看来，懂其一二是情理之中的事，但是朱异的无所不能实在是令人叹服。

朱异修养的高度完善使他成为一种类型的人的典范，唐代孙光宪就把他作为修养完备类型人物的代表，并且进一步使用了琴棋书画这个固定词语。“唐高测,彭州人,聪明博识,文翰纵横,至于天文历数，琴棋书画，长笛胡琴，率皆精巧，乃梁朝朱异之流”(孙光宪《北梦琐言》)。

在唐代，琴棋书画这个词语开始固定化，并且逐渐频繁地出现在文献中，反映了其作为修养而被社会普遍承认，唐代何延之在《兰亭记》中介绍辨才时说：“辨才博学工文，琴棋书画皆得其妙。”辨才收藏了王羲之的《兰亭集序》，却拒绝献给唐太宗，于是萧翼费尽心机骗取辨才的信任，夺得了《兰亭集序》。著名画家阎立本的《萧翼赚兰亭图》【图 1-10】所描绘的就是这个故事，因为其中有煎茶的场面，也成为珍贵的茶文化研究资料。

到了宋代琴棋书画不仅在内容上进一步充

图 1-10《萧翼赚兰亭图》

实，在形式上更得以高度发展。不仅在首都汴梁的皇宫里“有八阁，东西对列，曰琴、棋、书、画、茶、丹、经、香”。民间也一样，重建的五显华光楼“卒起故基，高前楼数尺，压江西，夸婺台，复道旁联丽似华萼，为琴棋书画阁四，为钟鼓阁二”（刘辰翁《五显华光楼记》）。袁文统计自秦汉到宋代的一百三十六位皇帝，只有梁武帝活到八十三岁，接下来就是宋高宗享年八十一。但是梁武帝死于侯景之乱，非常悲惨。而宋高宗却在六十岁之前就当起了太上皇，“方且陶冶圣性，恬养道真，所乐者文章琴棋书画而已”（袁文《瓮牖闲评》）。琴棋书画既是宋高宗颐养天年的手段，也是他幸福完美人生的标志之一。妇孺皆知的文天祥还作有《琴棋书画四首》：

琴

不知甲子定何年，题满柴桑日醉眠。
意不在言君解否，壁间琴本是无弦。

棋

我爱商山茹紫芝，逍遥胜似橘中时。
纷纷玄白方龙战，世事从他一局棋。

书

蔡邕去后右军死，谁是风流入品题。
只少蛟龙大师字，至今风骨在浯溪。

画

欲觅龙眠旧时事，相传此本世间无。
黄金不买昭君本，只买严陵归钓图。

经过唐宋的充实加强，琴棋书画在中国文人社会的地位已经固若金汤，元明清乃至现代都是良好素养的象征。在元代，“所谓诗者，殆与琴棋书画等为一艺”（胡炳文《云峰集》）。《画系》在评价宋代著名画家李公麟的《五百应真图》时，对于他所描绘的佛教内容“种种不离宗门本色。惟是中间分写琴棋书画四段，殆是书生习气未除耶”（张丑《清河书画舫》）。琴棋书画是书生习气的标志。

与酒相比茶汤滋味淡薄，与酒宴相比茶会内容单纯，茶的这些特征看似弱点，但是纵观茶文化史，古代茶人把这些弱点变成了茶的强处。

滋味淡泊在理论上意味着可以无限量饮用，内容单纯可以根据需要任意改造，吸收琴棋书画就是充实茶会的重要方式之一，唐代李约就是早期颇有代表性的人物之一。

李约，字存博，元和（806—820）年间任兵部员外郎，性清洁寡欲，一生不近女色，对于古董文物非常爱好。他的父亲李勉是著名的大臣，收藏了很多古今玩器，李约在房间橱柜里摆设了历代名画书法和古董怪石。家里的客人也都是风雅士人，弹琴煮茗，远离世俗尘事。李约还有一个特点就是嗜好饮茶，曾经与陆羽、张又新详细讨论水品，并且把自己的煎茶心得传授给朋友。著述有诗集，还有音乐专著《东杓引谱》一卷。从这个历史记载中可以看出李约的几个兴趣，即爱好文物古董、喜欢书法绘画、与朋友弹琴煎茶，这些兴趣最终归结为风雅。

唐代茶与琴棋书画的结合状况除了文献的记载以外，还有绘画作品的纪录。秦王李世民看天下已经稳定，便把注意力由武功转向了文治，聘请十八位大臣兼任文学馆学士，在王府开馆讲学，说古论今，号称十八学士【图 1-11】。天下把能够入选视为登瀛洲。为此阎立本绘有《瀛洲学士图》八轴。目睹这幅名画的明代龚敩在其《鹅湖集》里如此描述：

图 1-11《唐十八学士图》四幅之一，棋局旁点茶，台北故宫博物院藏

> 其间人物步而趋者三人，步而回顾者一人，对弈者二人，坐而观弈者二人。旁坐者一人执笔而若思，若语者二人，披手轴而立谭者二人，展画而坐观者三人，瀹茗者一人，皆束带唐巾，与今世衣冠颇相似。童子三人，一垂髫者捧盆，一垂髫者展画，一髽而垂髫者涤茶瓯。

在这幅表现中国文人最高境界的著名绘画作品中，文人聚会的要素是下棋、作文、观画、瀹茗。

宋代琴棋书画与茶的关联更加密切，更加普遍，使得宋代饮茶文化氛围更加浓郁的基本原因是这个时代全社会的文化高度发展。如前所述，在皇宫是琴、棋、书、画、茶、丹、经、香八阁，在民间是烧香、点茶、挂画、插花四般闲事。茶肆用张挂名画等方式，延长顾客的逗留时间，扩大消费。而皇帝也积极支持，宋太祖在查阅皇宫藏画时问其收藏目的，回答说是为了让皇帝鉴赏。宋太祖说：独览哪有众观价值大？于是把蜀宫画赐给了东华门外茶肆。

饮茶习俗的发展历史与琴棋书画的人格化过程完全吻合，在饮茶习俗发展的第一个鼎盛时代的唐代，饮茶就与琴棋书画建立了不解之缘，并且至今仍然被现代茶会所继承，成为充实茶会不可或缺的方式。而这些茶会的基本形态本身也是茶与其他生活文化元素组合的成果。

尽管琴棋书画诗酒茶的集会以审美为第一宗旨，但是毕竟具有很强的技能要求，更加平民化、大众化的茶会由挂画、插花、煎茶、焚香组成，被宋人称为“四般闲事”。这意味着饮茶已经成为综合生活艺术，没有经过专门训练的消费者无力营办这样的活动，由此“不宜累家”产生了专业性，出现了提供这些服务的个人和机构。宋代在京城有一个被称为“闲人”的群体，从传统观念来看，他们非农非商，职业不正规，往往成为富贵子弟的跟班，“专为干当杂事，插花挂画，说合交易”等。机构则是“四司六局”：

帐设司负责宴会的环境布置，其中包括书

画的张挂；

茶酒司负责宴会礼仪、进程，包括茶汤；

厨司负责菜肴烹调；

台盘司负责餐桌服务；

果子局掌管新鲜水果、海味腊脯及其装盘等；

蜜煎局掌管蜜饯及其装盘等；

菜蔬局掌管新鲜以及腌藏菜蔬及其装盘等；

油烛局掌管灯烛火炭等；

香药局掌管香药以及香炉等器具，包括酒后的醒酒汤药；

排办局掌管桌椅以及清洁。

“四司六局”本是朝廷的饮食服务机构，宫廷宴会、官僚聚会都由他们主办，富豪士庶的宴会也可以使用他们的服务。“四司六局”的服务项目繁多，活动规模庞大，有些类似婚庆公司。

七　左右朝廷经济的茶法

茶文化建立在茶叶这个物质基础之上，随着饮茶习俗的普及，茶叶消费量大幅度上升，到唐代已经发展成一款大宗商品，引起朝廷的注意。长庆元年（821），盐铁使王播提出增加茶税，右拾遗李珏反对，理由之一是“茶为食物，无异米盐，人之所资，远近同俗”（《旧唐书·李珏传》）。茶在饮食生活中的地位已经等同于米盐，不可或缺。加税势必导致物价上涨，进而严重影响民众的生活，其中贫困羸弱的人更是首当其冲。宋代明确把茶列入开门七件事，所谓“盖人家每日不可缺者，柴米油盐酱醋茶”（吴自牧《梦粱录》）。最终将茶纳入政府财政收入的体系，赋予茶叶更多的政治经济使命。

安史之乱之后，在茶叶消费扩大的同时，国家财政捉襟见肘，面临着巨大的财政危机，迫切需要新的财源，对茶叶征税只是时间的问题。由于泾原兵变，两河用兵，军费骤增，作为权宜之计，唐德宗建中三年（782），户部侍郎判度支赵赞在各地设置官吏征收商业税，一般商品“每贯税二十文，竹木茶漆皆什税一”（《旧唐书·德宗本纪》）。一年半后，政局安定下来，德宗下罪己诏，废除了包括茶税在内的所有杂税。

但是，赋税不足、国用匮乏、开支庞大的财政问题并没有解决。德宗贞元九年（793），盐铁使张滂以水灾减税为由，建议在产茶州县及茶山设置茶场，同样十税一。德宗采纳了张滂征收茶税的意见，“自此每岁得钱四十万贯”（《旧唐书·食货志下》），但是征收的茶税也没有用在水涝灾害的治理上，茶税的征收由此成为制度，中国的茶法由此形成。然而，唐朝廷的亏空不是这每年四十万贯的茶税所能弥补的，于是王播要求增加茶税百分之五十。

政府的财政问题积重难返，大和年间（827—835），唐文宗向李训、郑注“访以富人之术，乃以榷茶为对”。就是说改变了以往单纯征税的做法，而是要将茶园国有化，由国家直接经营并且专卖，以获取更多的利润，以弥补赋税之不足，“乃命王涯兼榷茶使”（《旧唐书·郑注传》）。但是，榷茶遭到举国上下的反对，王涯也“以榷茶事，百姓怨恨”。此时发生了“甘露之变”，宦官杀了李训、郑注，王涯也被禁军所杀。之后，户部尚书令狐楚为盐铁转运榷茶使，一方面废止了王涯的榷茶制度，另一方面继承发展了贞元税制，为后代榷茶制度奠定了基本框架。唐宣宗大中六年（852）盐铁转运使裴休立茶法十二条，整顿税收体制，严禁私茶贸易，保护正税商人的利益，建立了更加有效的榷茶制度，不仅“天下税茶增倍贞元”，也对后世禁榷制度产生了深远的影响。

征榷是西汉以来中国历代王朝所实行的一个基本国策，用以调节物价、均等贫富、获取巨额利润。盐铁是两项最大的专卖商品，到了宋代茶叶取代了铁成为第二大专卖商品。

宋朝高度重视作为经济支柱的茶叶的经济制度建设，建隆三年（962），宋太祖就派遣监察御使刘湛对经过蕲春（今湖北）销往北方的茶叶进行垄断性收购和批发。尝到“岁入增倍”的甜头之后，随即设置榷场，乾德二年（964）收购江南所有北销茶叶，建立了被称为“交引法”的榷茶制度，为太宗、真宗、仁宗三朝的茶政打下了基础。

交引法的程序是茶商入京师榷货务缴纳钱物，换取交引，然后凭引到沿江榷务领取茶叶，到指定地区销售。它是南北对峙的产物，具有增加财政收入、限制江南贸易和防止江南商人操纵政务等多重目的。南北统一后，这个榷茶制度被保留了下来。宋太宗太平兴国二年（977），榷茶范围扩大到除了广南以外的整个东南地区。其间围绕着促进茶叶流通，解决茶叶积压难售问题对茶法展开了不断的讨论。

雍熙三年（986），宋辽交战，开以茶叶沿边折中之先河。但是将茶法捆绑在战车上是真宗、仁宗朝的事，于是推行榷茶制度的目的发生了变化。真宗咸平年间（998—1003），相继与辽夏发生战争，边费剧增。沿边军需供给是商业行为，商人逐利，为了保证沿边入中军需，政府用加饶虚估增加商人利益，长此以往造成利益失衡，政府损失巨大，茶引发行过剩，政府茶叶货源不足。于是这一时期的茶法改革就围绕着茶叶折中，解决在保证沿边军需的同时减少茶利损失，即虚估的问题。咸平五年，河北实行三分法，缓解茶叶货源不足，其内容是入中“十分茶价，四分给香药，三分犀象，三分茶引”（沈括《梦溪笔谈》）。咸平六年，宋夏和好。景德元年（1004）宋辽结澶渊之盟，和平的喘息时间为大幅度改革茶法提供了机会。盐铁副使林特等召集各方面人员讨论茶法改革，制定的新法于次年颁行。新茶法大幅度降低了虚估的比例，但是损害了园户和商人的利益，最终造成茶利减少。尽管如此，茶叶货源不足的问题并没解决，加上铺户豪商炒买交引，官商两损，于是天禧二年（1018），李迪制定现钱法，即沿边入中与算茶都以现金支付，缓解了虚估、茶叶不足、炒买交引的问题，但是出现了商人因为利润减少而没有积极性、官府现金支出过大等问题。于是出现了茶叶折中交替使用的现象。

仁宗庆历二年、三年（1042、1043），宋先后与辽夏议和，经过十余年的和平岁月，边境军事费用大幅度降低，于是仁宗在嘉祐四年（1059）下令废止榷茶，实行通商。向园户征收茶租，向商人征收茶税，用茶课钱折中，茶叶自由交易，从根本上解决了虚估的问题。

但是通商法不能增加茶利收入，受到不少非议，于是蔡京在崇宁年间（1102—1106）展开了一系列的改革，首先，恢复榷茶制，对园户生产的茶叶垄断收购，对商人就场发卖长短茶引，减少了集中纲运的环节，有利于茶叶流通。之后，进一步废除政府的垄断收购批发，仅仅通过垄断发卖茶引获取收入。政和二年（1112），蔡京将茶法进一步严密化，增加印造合同底簿，即发卖茶引的副联，以便勘验、回收已经使用过的茶引，确立了以引榷茶的基本模式，并被南宋朝廷继承。

南宋将蔡京制定的茶法进一步细腻严密化，并因时制宜地改造发展，推行于全国，相当稳定。茶引分长、短、小三种，尤其发展了小引，便于小商贩卖，促进了茶叶的流通，减少了私贩。茶引按照地区和茶叶种类印制，各地都有定额。

茶法除了针对宋朝的市场，还针对少数民族的贸易，以茶马贸易最具有代表性。

随着少数民族接受饮茶习俗，赐茶四裔次数与数量在宋代急剧上升，其中不乏对于胁迫的无可奈何。如庆历三年（1043）四月，赏赐西夏主赵元昊茶三万斤，并且“如能顺命，则岁赐如是”（李焘《续资治通鉴长编》）。数量之大，令人咂舌，同时反映了西夏饮茶习俗之盛行。但是，这种赐茶完全是出于无奈，是自欺欺人的文字游戏，其实质是贡茶，目的是购买和平。

自从中国茶文化形成就开始影响周边少数民族，以刘镐为代表的北魏鲜卑族官员模仿南朝流亡大臣王肃饮茶，其极强的影响力已经让彭城王担心鲜卑本民族的文化消亡的程度，于是出面干预，致使鲜卑族的饮茶风俗至少在当时呈现出后退的迹象。到了唐代，比鲜卑族更加远离中原的回鹘却“大驱名马，市茶而归”（封演《封氏闻见记》）。这是饮茶习俗在魏晋南北朝乃至隋唐成功传播的最有力的证明。尤其是回鹘的以马易茶的贸易形式，开中国千年茶马贸易的先河。

尽管货币是最方便的贸易媒介，但是即便是在商品经济高度发达的现代，如果自己没有同样规模的产品被购买，就会因为贸易逆差而出现货币外流的问题，导致贸易无法持续进行，这既是辽金政府禁茶的原因，也是近代英国在进口中国茶时所面临的棘手问题。中国周边的少数民族因为生产方式落后，很少有被中原大量需要的产品，但是马匹对于中原来说必不可少。当然，中原要满足大量战马的需求，同样需要大量的货币。如果说茶叶是中国周边少数民族的生活必需品的话，那么马匹就是中原必不可少的战略物资，维持茶马贸易的基本点是双方都需要对方的产品，而又无法自己生产，因此茶马贸易完全是互补型的贸易，以货易货贸易形式是最合理的交易方式。

在宋代，茶马贸易被制度化，对于四川茶叶的禁榷主要就是为西北博马提供制度和物质保证。在与夏辽金的对峙中，宋朝每年要向西北少数民族购买近两万匹战马，保证边防的需要。少数民族已经养成饮茶的习惯，宋政府因势利导，在边疆地区禁止私售茶叶，用四川茶叶换取优质马匹。宋政府原先也以绢帛、铜钱等购买少数民族的马匹，但是不仅运输困难，而且少数民族把铜钱融化铸造器皿，严重影响铜钱的正常流通，以四川茶叶博易西北马匹解决了这些问题。当然茶马贸易的形成与完善有一个过程，在实施过程中也出现过各种问题。

乾德三年（965）宋平四川，为了稳定政局，宋政府废除了孟蜀时期的苛捐杂税，其中包括榷茶。在其他地区实行茶叶禁榷的时候，四川却可以在交了商税之后自由通商，充其量为了保证其他地区的禁榷而禁止川茶外销他路。但是这种自由通商最终因为紧张的国际关系而宣告结束。

熙宁四年（1071），宋政府任命王韶经营河湟地区，次年打败吐蕃，设置熙河路。又次年，打败西夏。伴随着战果的扩大，军费开支也不断增加，尤其是在博买战马时，西北少数民族赶着大批优质马匹来到边境，“所嗜惟茶”，而西北无茶与之贸易。于是打起了对西北来说最方便的茶叶产地四川的主意。熙宁七年，李杞到成都负责贩茶，将川茶司的反差利润交给买马司博马。但是政府一般经营茶叶贸易无法满足博马要求，次年开始在成都府路实行专卖，而全面的川茶禁榷则是在熙宁九年。对川茶“尽数官买”，垄断收购。同时，贩卖者到官场买茶，持引在规定区域内贩卖，并打击私茶，以保护榷茶制度的有效。其间川茶司与买马司不断分合，直到崇宁四年（1105）才最终合并，合并后的都大提举茶马司是茶马事务的最高管理机构。

川茶禁榷制度在实施过程中不断暴露出存在的问题，于是建炎二年（1128）参照蔡京茶法进行了茶法改革，通过监督商人与园户的交易，管理商人买引及贩茶的全过程，达到间接专卖的目的，奠定了南宋四川茶法的基础。

八　茶文化传播成果的确立

辽立国之初，晋、汉等王朝就向辽贡献茶叶。宋朝廷曾在辽主生日时前往祝贺，礼物中就有“乳茶十斤，岳麓茶五斤”（叶隆礼《契丹国志》），就是说茶叶成为国家交往中的礼品，反映了茶叶在各个民族中的地位。受到帝王青睐的茶叶，毫无疑问也得到上层社会的宠爱，发挥着同样的功能。熙宁年间（1068—1077），苏子容出使辽国，副使姚麟建议带些小团茶作为礼物。苏子容以小团茶是御用贡品，宋天子专用为由，反对用于馈赠辽人。但是，“未几，有贵公子使辽，广贮团茶，自尔北人非团茶不纳也，非小团不贵也”（张舜民《画墁录》）。茶文化传播的复杂性与必然性由此可见一斑。

在社交中通过礼物的形式固然可以得到茶叶，甚至是高级茶叶，但是毕竟数量有限，而且局限在上层社会，商业贸易仍然是确保茶叶流通、满足茶叶消费需要的最主要的渠道。早在五代时期，辽太宗耶律德光和东丹王就各派遣使者，驱羊 3 万只、马 200 匹，“以其价市罗纨茶药”（陆游《南唐书·契丹传》)，成为唐代回鹘开创的茶马贸易的五代续篇。宋在立国之初，没有干预与辽的贸易，自由互市，其中就包括茶叶。宋真宗时开始设立榷场，实行国家专卖。同样，辽也设置茶酒监使管理茶叶贸易。辽以牲畜、谷物、丝织品等换取宋的茶叶。于是出现了重要物质的外流问题，严重到引起政府干预的程度："契丹禁国中谷食不令出境，而彼民有冒禁赍至榷场求售者，转运司以茶博易，所得至微，恐亦非便。诏罢之。"(李焘《续资治通鉴长编》)面对强大的辽国，宋人有所顾忌，主动考虑避免与辽发生进一步的冲突。

宋朝大量的茶叶销往辽国，满足了辽国民众的日常饮用。出土的张世卿墓壁画【图 1-12】，反映了辽境内的饮茶状况。茶叶除了作为嗜好品用于日常消费以外，还被吸收进政府的礼仪，无论是皇室的宴会还是时令庆典，都使用茶叶。例如在藏阄仪中，"至日，北南臣僚常服入朝，皇帝御天祥殿，臣僚依位赐坐……晚赐茶，三筹或五筹，罢教坊承应"(《辽史·礼志六》)。宋辽之间的外交使节也使用茶叶为礼物，或者茶汤款待。宋朝使者拜见辽国皇帝时，"殿上酒三行，行茶，行肴，行膳"(《辽史·礼志三》)。宋作为产茶国，在国际交往中更少不了茶的应酬，"(契丹)每岁遣使入宋国境。至白沟驿，驿赐设，至

图 1-12 张世卿墓壁画

贝州赐茶、药各一银盒”(《契丹国志》)。这条史料中最重要的讯息是“茶、药各一银盒”的配伍。茶药之称的搭配出现在唐代已经屡见不鲜，只是缺乏具体说明史料，不知其详。在宋朝不仅有茶药的说法，而且有大量的文献证明先茶后汤习俗的存在。宋人在待客时，先上茶，后进汤。所谓的汤就是选用甘香中药材煎制的保健饮料。因为宋人日常性的茶、汤搭配饮用，有意无意之中也把这种习俗传给了少数民族，于是在辽形成了先汤后茶的变形组合。在宋使朝见辽皇太后的礼仪中，"赞各就坐，行汤，行茶"（《辽史·礼志四》）。继辽之后的金朝继承了辽先汤后茶的习俗。

据《金史》记载："各就位，请收笏，坐先汤，次酒三盏，置果肴，茶罢，执笏，近前齐起。"民间的饮茶习俗更不亚于宫廷，北京石景山出土的金代赵励墓壁画【图 1-13】，就反映了金的饮茶状况。随处可见的茶肆更是最好的证明。和辽相比，金的饮茶习俗更加兴盛。金代后期有一个统计数据，金国河南、陕西共五十余郡，郡日食茶约二十袋，每袋值银二两，一年为此而需要

图 1-13 北京石景山金赵励墓壁画

花费三十余万。这就意味着要从宋进口更加多的茶叶。“茶，自宋人岁供之外，皆贸易于宋界之榷场”（《金史·食货志四》），就是说除了宋朝在“购买和平”的岁供中包括一部分的茶叶以外，主要的茶叶来源是设置在宋朝边界上的榷场，这些茶叶是经过商业渠道购买的。由于茶叶的需求量庞大，与辽一样引发了政府的干预。

> （泰和六年，1206）十一月，尚书省奏：“茶，饮食之余，非必用之物。比岁上下竞啜，农民尤甚。市井茶肆相属。商旅多以丝绢易茶，岁费不下百万，是以有用之物而易无用之物也。若不禁，恐耗财弥甚。”遂命七品以上官，其家方许食茶，仍不得卖及馈献。不应留者，以斤两立罪赏。七年，更定食茶制。①

当时的茶叶在女真族的生活中不属于生活必需品，但是用来交换茶叶的对应物品却是生活中必不可少的丝绢，而且数量庞大，直接导致国内财富严重外流。有鉴于此，金政府规定七品以上的官员才可以在家里饮茶，但是不得专卖以及馈赠。没有资格饮茶的人如果拥有茶叶就按照所持茶叶数量，以斤两定罪。次年再次修订了饮茶法律。这时，宋金之间正处于战争状态，随着媾

①［元］脱脱等撰：《金史》卷四十九，北京：中华书局，1975年，第1108–1109页。

和的实现,这个有关饮茶的法律就没有继续执行。

金世宗大定十六年（1176），为了禁止私贩，制定了惩罚走私茶叶的法律。在限制饮茶方面，泰和六年法令的废止使得问题潜伏下来。元光二年（1223）三月，大臣以国库财源枯竭，上奏金宣宗，以与泰和六年同样的理由，建议重启限制饮茶的法律。宋金之间,时战时和。战事重启时，金又恢复了这个法律，但是利益驱使民众越境贩茶，可能因此而泄漏军情，也可能盗贼入境扰民。尤其宋金又开战，对宋贸易，尤其是以谷物、纺织品、货币换取茶叶的贸易，是以生活必需品或硬通货换取奢侈品，从根本上说对宋有利，产生了“奈何以吾有用之货而资敌乎”的疑问。“乃制亲王、公主及见任五品以上官，素蓄者存之，禁不得卖、馈，余人并禁之。犯者徒五年，告者赏宝泉一万贯”(《金史·食货志四》)。与泰和六年的禁令相比更加严厉。

金政府除了采取限制措施，还曾寻找代用品购茶。泰和八年(1208)七月,金国大臣认为“茶乃宋土草芽，而易中国丝棉锦绢有益之物，不可也。国家之盐货出于卤水,岁取不竭,可令易茶”(《金史·食货志四》)。想用同样取之自然而且取之不尽的盐易购茶叶，以解决自己重要的战略物资的外流问题。但是盐也是宋朝利润最高的商品，并且也由政府专卖，所以这个想法不具现实可行性。

金政府也曾面对现实，承认契丹族已经接受了汉人的饮茶习俗，进而开发自己的茶叶资源，既确保市场供给，又切实解决财政问题，摆脱宋朝的控制。但是在中国北方栽种、加工茶叶的尝试最终以失败告终。“泰和四年，上（金章宗）谓宰臣曰：‘朕尝新茶，味虽不嘉，亦岂不可食也。比令近侍察之，乃知山东、河北四路悉椿配于人，既曰强民，宜抵以罪。此举未知运司与县官孰为之，所属按察司亦当坐罪也。其阅实以闻。自今其令每袋价减三百文，至来年四月不售，虽腐败无伤也。’五年春，罢造茶之坊。”（《金史·食货志四》）金朝境内的气候条件不适合茶树的生长，除了以上采椿冒充茶叶，还试图寻求代用品，但是反复的尝试均以失败告终，最终放弃了自己加工茶的念头。“章宗承安三年（1198）八月，以为费国用而资敌，遂命设官制之。以尚书省令史承德郎刘成往河南视官造者，以不亲尝其味，但采民言谓为温桑，实非茶也，还即白上。上以为不干，杖七十，罢之。”（《金史·食货志四》）一直到金灭亡，茶叶的问题也没有解决。

对于金国来说，茶叶的供给自宋人岁供之外，皆贸易于宋界之榷场。其实，这种状况夏、辽皆然。“庆历议和”时，西夏在岁供物品里提出了茶的要求，引起田况、欧阳修等部分宋朝官员的强烈反对。

因为总的说来议和就是宋朝购买和平，庆历议和条件之一是宋朝每年向西夏无偿提供五万斤茶叶。可是宋代茶叶有大斤小斤之分，这在议和条款中并没有明确，欧阳修等担心西夏会提出大斤的要求，这样一来宋就要每年无偿供给西夏三十万斤茶叶，加上二十万斤绢帛，总共有五十万斤的财富。而西夏只不过是一个偏据一隅的小国，代价过高。因为宋真宗时澶渊之盟也只不过三十万斤物品，三十年后为结束战事才付出五十万的代价。三十万斤茶叶带给宋朝的负担是巨大的而且涉及多个方面。首先，三十万斤茶叶从南方运到西部水陆合计二三千里，议和的根本目的是与民休息，单单运输就使得朝野疲惫。其次，三十万斤茶叶已经满足了西夏对于茶叶的需求，因此茶叶起不到榷场交换西夏物品的作用，需要另外寻找更加重要的物品满足榷场的需要。第三，给西夏如此高的岁供会刺激更加强大的辽提出增加岁供的要求。宋的大宗商品不过茶叶与盐，现在西夏一年要三十万斤，如果契丹再要二三十万斤，宋的经济何以维持?

从中可以看出，西夏的饮茶习俗已经相当普及。

经过唐五代，西南、西北诸少数民族完全接受了汉族的茶文化，“戎俗食肉饮酪，故贵茶，而病于难得”（潘自牧《记纂渊海》）。这是少数民族接受茶马贸易的基本原因。为与游牧民族抗衡，骑兵必不可少，而中原缺乏马匹，必须从少数民族地区购买，因此包括宋朝在内的中原政权接受茶马贸易。由于北宋与辽、夏对峙，茶马贸易的少数民族主要是吐蕃各部以及西北的西州回鹘、于阗和黑汗等部族。宋朝的买马场也设置在与之交界的秦凤路、成都府路、梓州路、利州路和夔州路等地，川茶享有地理上的便利，一度成为陕西茶马贸易的主要茶叶品种。宋初，政府经理蜀茶，置互市于原、渭、德顺三郡，以市蕃夷之马。熙宁七年，宋政府派李杞经营川茶，以应付陕西博马。次年，成都知府蔡延庆以“威、雅、嘉、泸、文、龙州地接乌蛮、西羌，皆产大马”（李焘《续资治通鉴长编》），建议用锦、绢、茶折买马匹。

游牧的少数民族如其所愿得到茶叶的同时，宋可以得到所需战马，这个贸易可谓两全其美。但是开始时并不是以茶叶为主要交换手段。宋朝曾经出现过铜钱大量外流，导致国内货币不足的问题。“盐铁使王明言，沿边岁运铜钱五千贯于灵州市马，七百里沙碛无邮传。冬夏少水，负担者甚以为劳。戎人得铜钱悉销铸为器，郡国岁铸钱不能充其用，望罢去，自今以布、帛、茶及它物市马”（李焘《续资治通鉴长编》）。

由于少数民族对于茶叶的需求更加基本与日常，宋朝为了确保茶叶的羁縻作用，同时限制民间的自由贸易。熙宁间，又于熙河设置榷场。因为雅州名山茶得到西北少数民族的喜爱，一度特别规定：雅州“名山茶专用博马，候年额马数足方许杂卖”(《宋会要》)。当少数民族用宋政府不急需的麝香等交换茶，以致无法保证对于马匹的需求时，宋政府进一步规定：“入蕃茶惟博易马方许交易，即不得将茶折博蕃中杂货，务要茶马懋迁渐通。”(《宋会要》)

但是战马的需求也不是无限量的，方法之一是用减少博马用茶的数量来调节购马数量，例如“黎州年额并额外马通岁额不得过四千匹，其博马茶比旧减半支折，所有一半茶却依价折与银绢。自八月一日开场至九月终，共买到三百五十匹，比递年一般月份大段亏少”。虽然达到了预期的效果，但是因为不得不考虑茶是少数民族的生活必需品，担心因此出现叛乱，不久就取消了这种做法。“契勘卖马蕃蛮以茶为本，即目正常买马之际，若比旧减半支茶，不唯买马稀少，兼恐误事”，于是急忙采取补救措施，“将四赤二寸一上马每匹合得茶，依已降朝旨比旧价减半支折外，各与量添茶一担，招诱收市所，来年已后合用博马茶欲乞依旧收买，应副其减半支折，指挥乞更施行”(《宋会要》)。

宋朝每年购买马匹的数量大多在15000—20000之间，元丰四年（1081）用于购买马匹的茶叶数量，“蕃部未必尽皆要茶，次下等一匹马自不及茶一驮之直，大约每岁不过用茶一万五六千驮”（《宋会要》)。宋朝曾经努力制定合理的茶马比价，少数民族把马卖给宋政府，全部用茶折算价格，大约每匹马一驮茶。如果马价高，茶价低，就将多余的钱再折算成银绸绢支付。相反，如果马价低，茶价高，也可以贴钱购茶。零散的交易可以积攒到一定程度一起结算，或者实算实购零散茶叶。这些数字虽然不是固定不变，但是足以了解宋代西方少数民族的茶叶消费程度之大概。

中国周边少数民族从南北朝开始频繁接触茶，经过唐代的持续努力，至迟在金代民族化的饮茶形式形成了，这就是现在内蒙古、西藏等地区的奶茶、酥油茶等饮茶方法。

918年，王建建立高丽王朝，次年建都开城，935年降伏新罗，936年灭后百济，10世纪末西北边界扩展到了鸭绿江。大量吸收唐宋的社会制度，形成了完整的文官体制。11世纪迎来了鼎盛期，可是不久就毁于官僚的内讧。1170年，高丽王朝发生了政变，建立起军人政权。13世纪前半期，军人政权奋起抵抗元的侵略，但是最终以失败告终，臣属于元朝。随着元朝的灭亡，高丽王朝失去了向心力，1392 年被朝鲜王朝取而代之。高丽王朝以佛教发达著称，末期导入朱子学。

高丽王朝有十六个生产茶叶的地方，组成了贡茶体制。王室的御用茶园是花开茶所。高丽的制茶法原则上采用宋朝的技术。与宋朝的北苑一样，高丽也生产龙团胜雪茶，只是规格不尽相同。在制茶时，高丽也使用龙脑为香味添加剂。

高丽僧侣与茶叶生产有着密切的关系。位于全罗南道升州的松广寺住持慧鉴国师曾赠新茶给李齐贤（1287—1367），李齐贤为此写了《松广和尚寄惠新茗，顺笔乱道，寄呈丈下》表示感谢，这首诗的内容非常丰富，是了解高丽时代茶叶的贵重史料。诗中引用了大量中国的茶文化典故，可见作者的中国文化素养之高。这与李齐贤在三十岁前后历游中国著名的茶叶产地四川、浙江的经历密切相关。而火前、雀舌等茶名不仅在中国妇孺皆知，在高丽也频繁出现在文人的诗作中。李崇仁（1349—1392）的《白廉使惠茶》中有“先生分我火前春”，明宗时代金克己也有“茶养火前香”的诗句。松广寺第七代住持圆鉴国师（1226—1292）在《山居》中写道：“饥餐一钵青蔬饭，渴饮三瓯紫笋茶。”还在《谢金藏大禅惠新茶》诗中提到了宋代北苑茶：

慈赐初惊试焙新，芽生烂石品尤珍。
平生只见青油面，喜得曾坑一掬春。

对于圆鉴国师来说，腊茶并不稀奇，此次获赠曾坑茶却是喜出望外。曾坑隶属于宋代最著名的茶叶产地北苑，这里专门生产御用贡茶，代表宋代最高的制茶水平。宋代宋子安在《东溪试茶录》中总结曾坑及其附近的茶叶，“茶少甘而多苦，色亦重浊”。虽然不是最高的评价，但是毕竟是最著名的一类茶叶，可见原本供皇帝饮用的北苑茶，不仅流传到了辽，也同样传播到了朝鲜半岛。

1122年，徐兢（1091—1153）出使高丽，回国后将他的所见所闻记录下来，就是《宣和奉使高丽图经》，其中有关于宋朝与高丽的茶文化交流最著名的史料：

土产茶味苦涩，不可入口，惟贵中国腊茶并龙凤团。自赐赍之外，商贾亦通贩，故迩来颇喜饮茶。益治茶具，金花乌盏、翡色小瓯、银炉汤鼎，皆窃效中国制度。凡宴则烹于廷中，覆以银荷，徐步而进。候赞者云“茶遍”乃得饮，未尝不饮冷茶矣。馆中以红俎布列茶具于其中，而以红纱巾幂之。日尝三供茶，而继之以汤。丽人谓汤为药，每见使人饮尽必喜，或不能尽，以为慢己，必怏怏而去，故常勉强为之啜也。

这条题为“茶俎”的记载内容涉及多个方面。在宋朝的影响下，高丽接受了宋的茶汤礼仪，开始自己生产茶叶，对宋朝的茶具进行改造，形成了具有高丽特色的茶文化。

高丽在外交活动中不断使用自己生产的茶叶。据《契丹国志》的记载，1038 年，高丽向契丹赠送了脑元茶，之后辽兴宗还委托高丽使者转达希望高丽继续提供脑元茶的愿望。

1290 年，高丽忠烈王向元朝赠送了香茶。元代的高丽茶在中国也享有一定的声誉，刘秉忠就有《试高丽茶》。事隔一个半世纪，同样对于高丽茶，刘秉忠与徐兢的评价有着天壤之别，或许这就是高丽茶文化发展的印证。

宋元时代大致对应日本平安时代中后期（930—1184）和镰仓时代（1185—1333）。

从奈良时代就支持律令体制的大贵族藤原家在平安时代中期建立起摄关政治，藤原氏北家的嫡系出任摄政、关白等，辅佐天皇发号施令。摄关通过将女儿或姐妹嫁给天皇，继而成为皇后、皇太后，再反过来拥立自己的侄子或兄弟成为摄关等途径，世代掌握朝廷大权。在经济上，建立起庄园公领制。在文化上，女性文学高度发达，紫式部及其《源氏物语》是最高的成就，日本文化开始成熟，为接受中国茶文化打下了基础。平安时代后期被称为院政时代，太上皇从中下级官僚中选拔自己信任的人做近臣，建立院厅，以取代摄关的权力，掌握实权。同时重用武士阶层，开启了武家政治的发展道路。而武士建立的最早的幕府在镰仓，由此开始了镰仓时代。幕府的势力逐渐压倒了朝廷，地方的领主不断蚕食居住在首都的庄园领主的利益，随着生产力水平提高，货币经济发展，净土宗、日莲宗、禅宗等新佛教分支在农民和武士阶层得到普遍支持。

日本社会的动荡，使得他们无暇顾及海外。当然，唐代之后与中国的贸易并未中断，但是日宋贸易与日唐贸易一样，以中国商船为主，高丽商人和商船发挥了很大的作用。如日本僧人寂照（964—1034）、成寻（1011—1081）等都是乘坐宋的商船前往中国巡礼。寂照与丁谓交往甚密，在苏州吴门寺 30 年，最终在中国圆寂。而成寻深得宋神宗信任，因祈雨有功而被授予善慧大师的称号，遗骨也埋在了中国。在日本吸收的大量宋文化中，也包括了宋学。

元朝建立后，曾试图将日本纳入其统治范围，经过文永、弘安两次战役的失利，元朝最终打消了这个念头。战争结束后的，日元双方贸易照常进行，日本方面为了取得建造寺院的费用，派出了贸易船，中日贸易更加频繁。

平安时代中后期只有零散的饮茶史料，从一定程度上反映了日本的饮茶并没有完全消失。在权大纳言藤原行成的日记《权记》里有10世纪末为建茶所而捐献谷米的记载；东宫学士藤原明衡模仿宋代姚铉《唐文粹》在康平年间（1058—1065）汇集平安中期200多年的作品427篇，编撰了汉诗文集《本朝文粹》，其中记载了庆滋保胤在三河国（今爱知县）看到了茶园；小野宫右大臣藤原实资的日记《小右记》记载了长和五年（1016）藤原道长为发汗而饮茶。此外的史料中相对集中在两个方面，一是对于平安时代早期茶事的回忆，尤其是嵯峨天皇与宇多法皇的饮茶故事。嵯峨天皇的饮茶史料前面介绍得比较多，这里看一看宇多法皇的例子。据《真俗交谈记》记载：

> 朝觐行幸之时，御引出物用和琴一张。给事："自何御时始哉？"资实云："延喜二年（902），醍醐天皇仁和寺行幸御时，法皇（原注：宇多）御对面后，茶二盏，有御劝，和琴一张，为御引出物，令进之给。归幸后，彼和琴被送进掖主毕，自尔以降，不改其御例，每度如斯云云。"（塙保己一《群书类从》二十八《杂部》）

平安时代延喜年间（901—923），醍醐天皇（第60代，885—930）以藤原时平和菅原道真为左右大臣，公家政治比较稳定，史称“延喜之治”，亲政时制定的体系化律令细则被称为延喜格式。法皇（出家的太上皇）的宇多天皇（第59代，867—931）在仁和寺见到其长子醍醐天皇时，饮茶赏琴，由此赏琴成了茶会定例。

《源氏物语》的划时代注释《河海抄》如此解释“季御读经”以及与行茶的关系：“所谓季御读经是指春秋季在大内讲读大般若经。行茶是向僧侣供茶。中宫、东宫相同。”①平安时代的春秋时节，僧侣们要在天皇的面前诵经，主要有四天，其中第二天就要行茶，第三天进行讨论，这个佛教仪式被称为季御读经。

这是日本的饮茶状况，而前往中国的日本僧人也像平安时代前期的最澄一样，在中国频繁接触茶叶，甚至学习点茶。北宋时代前往汴梁的日本僧人屈指可数，但成寻法师（1011—1081）不仅完成了天台山、五台山的巡礼，而且到达汴梁，因祈雨灵验，还得到宋神宗的褒奖，被赐予善慧大师的称号。成寻自1072年入宋，次年与回国的弟子们诀别，其间的日记即为《参天台五台山记》，其中每天都有饮茶生活内容。在如此频繁的饮茶记录中，开始时成寻一般都是作为客人，到了后来成寻以主人的身份点茶待客的记录

① [日]四辻善成：《河海抄》，日本图书中心，1978年。

逐渐增加。成寻客死中国，否则他也能像最澄那样回日本传播茶文化。不论主客，频繁的饮茶应酬反映了其在僧侣生活中的重要地位。下面看一个熙宁五年四月二十九日的事例：

> 辰时，府使并轿子持二人到来，即向兴教寺……还宿所休息。大教主老僧为点茶请，行向吃茶……申时，出寺。大小教主送于大门前，有茶药。兴教寺北隔二里有净慈寺。……如兴教寺食堂，教主敕赐达观禅师，年七十四，将入宿处吃茶。坊内庄严甚妙。

南屏山兴教寺被指定为成寻在杭州停留时的寺院。是日，成寻等在府使的陪同下，来到兴教寺，各种仪式之后，受大教主之邀请吃茶。出寺时，又与相送的僧侣们在寺门前茶药应酬，这里的药是指“先茶后汤”中的汤。到了净慈寺，又在达观禅师的禅房吃茶。

镰仓时代最著名的茶文化传播事项当属荣西渡宋以及所著《吃茶养生记》。

1168 年，荣西首次入宋，短期留学 5 个月；1187 年夏，再次入宋，最终目的是天竺，先抵杭州，因为前往天竺的道路被西夏截断，只得回国。但是在海上漂泊三天之后，又回到了温州瑞安县，于是前往台州天台山万年寺，师事临济宗黄龙派八世法孙虚庵怀敞禅师，两年半后随师前往明州天童寺，1191 年 7 月回国。

荣西在中国接触茶的记录仅见于《元亨释书》：

> 乾道戊子(1168)，游天台，见山川胜妙，生大欢喜。至石桥焚香煎茶，礼住世五百大罗汉。寻反本国，梦境恰恰。虽二十年音问不继，而山中耆宿历历记其事。今又再游此方，老僧相从，宿契不浅。

石桥煎茶始于圆珍。圆珍每次观览天台山图都被华顶峰的石桥胜景所感动，854 年，当他随遣唐使来到中国时，礼拜石桥，感动至极。于是当成寻来宋时，也模仿圆珍礼拜石桥，并以茶汤供养五百罗汉。据说茶汤里呈现出八叶莲花纹，僧众们为此灵瑞感动得合掌落泪。于是礼拜石桥似乎成了来华日本僧人的传统，荣西也至石桥礼拜，煎茶焚香。

最重要的是，日本茶文化由此发展起来。

第四节 明清雅尚

一 转型过渡期的元代茶文化

较之唐宋，明清茶文化发生了巨大的变化。这个变化并非突然，而是经过了元代（1279—1368）的过渡。由于饮茶史料比较少，元代给人饮茶风气不盛的印象。其实，这个判断是以文人文化为基准，元朝统治者以相对原始的文化意识蔑视高度发达的汉文化，按照一官、二吏、三僧、四道、五匠、六工、七猎、八娼、九儒、十丐的排序，文人位居“老九”，造成元代没有公然领导社会思潮、时尚的文人文化，自然也就缺乏记载文人趣味的饮茶文献。由于元朝处于过渡期，沿着唐宋的发展道路，元代已经无法再造辉煌，未来的道路尚在开辟之中，无论是技术还是文化，都没有达到开花结果的阶段。但是饮茶生活本身高度普及，较之唐宋更加深入地融入了日常生活

图 1-14 武夷御茶园

之中。在元杂剧里，一再出现“开门七件事，柴米油盐酱醋茶”的说法。按照王祯的说法：“夫茶，灵草也。种之则利博，饮之则神清。上而王公贵人之所尚，下而小夫贱隶之所不可阙，诚民生日用之所资，国家课利之一助也。”（王祯《农书》）

从现存史料上看【图 1-14】，将茶叶与其他素材配伍调制成饮料是元代茶汤的一个特色。《居家必用事类全集》是一部元代日用生活百科全书，比较真切地反映了民间生活状况，“饮食类”开篇就是“诸品茶”的栏目，十一条中，除了一款“孩儿茶”是非茶之茶，另一条“煎茶法”介绍唐宋乃至今天也是主流的茶汤的烹点过程外，其余九条介绍了九种调味茶汤的调配方法。试看一例用散茶加工的“擂茶”：取茶叶开水浸泡柔软，和去皮炒熟的芝麻一起放入擂钵研磨至极细，加入川椒末、盐、酥油饼，再擂磨均匀细腻。放入锅中，加水煎熟，可以随意添加栗子、松子仁、胡桃仁。

现在居住在川、黔、湘、鄂四省交界处的土家族也有擂茶，虽说使用的具体材料不完全一样，但是加工方式一样，可以说擂茶是一种历史悠久的饮茶方法。

大量调味茶汤的特色在宫廷饮膳太医忽思慧所著《饮膳正要》中也有过记载，只是频繁使用末茶。“玉磨茶”的原料是上等紫笋茶和苏门答腊炒米，筛选之后，以一比一的比例拌和，入玉磨研磨。由于茶里含有炒米粉，所点汤应该比较稠。而被称为“兰膏”的茶汤更加浓稠，因为除了使用玉磨末茶，还要加入炒面和酥油，同样先搅拌成膏状，再开水点之。西藏的酥油茶被首次记载。这些调味茶汤是汉文化元素的茶与游牧民族的饮食文化元素结合的产物，充分地反映了时代的特征。

茶肆同样是元代的重要茶汤消费场所，元代最有代表性的文学形式杂剧、散曲里就不乏相关记载。关汉卿的杂剧《钱大尹智勘绯衣梦》中，茶肆经营者自称“茶博士”，马致远的杂剧《吕洞宾三醉岳阳楼》描写了一对在岳阳楼下开茶坊的夫妇，南来北往的“经商客旅”都要来“茶坊中吃茶”。散曲作家李德载在小令《赠茶肆》中，不仅表现了对于茶肆的自豪，还提到了茶肆经营的饮品，其中特别讲到“雪乳香浮塞上酥”。上面已经提到酥油是游牧民族的文化要素，南北朝时乳酪与茶叶分别代表着南北文化，并且尖锐对立。蒙古族是元代的统治民族，他们的政治优势大幅度提高了他们的社会地位，并且深刻影响着汉族，油酥乳酪兑入茶汤就是在茶叶上的具体表现。前面到的兰膏也同样受到汉族的喜爱，元人许有壬有诗《咏酒兰膏次恕斋韵》歌咏这种少数民族色彩浓郁的茶汤。民族大融合丰富了茶汤种类，丰富了茶文化。

不过要了解元代茶叶的基本信息，王祯《农书》至关重要。按照“年高学博，南北游宦”的王祯的分类，元代茶叶主要有茗茶、末茶和蜡茶三大类：

茗茶是蒸青散茶。

采讫，以甑微蒸，生熟得所（生则味涩，熟则味减）。蒸已，用筐箔薄摊，乘湿略揉之，入焙匀布，火烘令干，勿使焦。编竹为焙，裹箬覆之，以收火气。茶性畏湿，故宜箬。收藏者必以箬笼，剪箬杂贮之则久而不浥。宜置顿高处，令常近火为佳。（王祯《农书》卷十）

采下的茶叶放入甑中蒸汽杀青，尽管时间短暂还是有生熟的问题，太生则味涩，过熟则风味损失。杀青后的茶叶在筐匾上薄薄地摊放一层，趁湿揉捻。揉捻后的茶叶均匀地摊放在竹制焙笼里，盖上箬竹叶加热焙干。加工好的茶叶用箬笼储藏，经久不受潮变质。平时安放在高处，隔一段时间再度焙火为佳。

凡茗，煎者择嫩芽，先以汤泡去熏气，以汤煎饮之。今南方多效此。

煎茶时选择嫩芽，先用开水泡去熏烟气，然后开水煎饮。现代乌龙茶也是将第一泡的茶水弃之不用。与唐宋的末茶相比，芽茶的茗茶饮用方法已经简便到了极致。

“然末子茶尤妙”，王祯还是推崇末茶。方法是“先焙芽令燥，入磨细碾，以供点试”。蒸青焙干，入磨细碾，以供点试，是为末茶。这里的末茶是由散茶加工的，不是团饼。虽然介绍的文字非常简单，却是中国最早的散茶史料，尽管宋代茶书数量不少，但均介绍了蜡茶的加工方法，而陆羽仅介绍了饼茶。接下来讲点茶方法：

> 凡点，汤多茶少则云脚散，汤少茶多则粥面聚。钞茶一钱匕，先注汤，调极匀，又添注入，回环击拂，视其色鲜白、着盏无水痕为度。其茶既甘而滑。南方虽产茶，而识此法者甚少。

末茶的饮用方法与宋代无异，但是介绍得更加直白，容易操作：首先取一钱匕炒茶末放入茶碗，然后注入少量开水，用茶筅把茶末搅拌均匀之后再添足开水，回旋搅拌茶汤，看泡沫颜色鲜白，附着在碗里看不见下面的茶汤为准。点试末茶的关键是茶末与开水的比例。水多茶少则泡沫不能布满茶汤表面，像散乱的一片片云彩；水少茶多则像粥一样浓稠，聚结在茶汤表面。可是即便在产茶的南方饮用末茶的人也越来越少了。

王祯最推崇的是蜡茶。

> 蜡茶最贵，而制作亦不凡。择上等嫩芽，细碾入罗，杂脑子诸香膏油，调齐如法，印作饼子，制样任巧。候干，仍以香膏油润饰之。其制有大小龙团、带胯之异。此

品惟充贡献，民间罕见之。始于宋丁晋公，成于蔡端明。间有他造者，色香味俱不及。蜡茶珍藏既久，点时先用温水微渍去膏油，以纸裹槌碎，用茶钤微炙，旋入碾罗（旋碾则色白，经宿则色昏。新者不用渍）。茶钤屈金铁为之。砧用石，椎用木。

蜡茶，首先原料要求就更加高，选用上等细嫩茶芽，细碾过筛后，加入龙脑等高级香料，按要求调和，放入模具，和宋代一样竭尽巧饰之能事，压制成各种形状。成型后的茶饼焙干，再用香料油脂润饰茶饼表面。宋元蜡茶的加工技术一脉相承，饮用方法也基本一样。

从生产的角度看，从清饮的角度看，宋元之间茶文化最主要的变化是末茶没落，蒸青芽茶成为主流消费的茶叶。尽管仍为蒸青，不似明清的炒青，但是饮用方法基本一样，为明清炒青散茶取得独尊的地位打下了基础。

为什么创造了辉煌的宋代末茶会迅速走向了衰落呢？

核心文化对于人类的使命就是推陈出新，中国是东亚的核心文化地区，是茶文化的发源地，茶的演变是无法阻挠的，其实根本不存在阻挠的问题。在乐感文化的大背景下，茶的发展变化是中国人的追求，因此唐团宋饼的消亡是中国文化的宿命，变化的大小既是中国人的能力，也受茶叶自身特性的制约。变化的大小有目共睹，中国人开发了最丰富的茶叶品种。从第一个发展高潮的唐代开始计算1400年，从欧洲接受饮茶开始计算400年，消费者、生产者都在不断追求变化，却依然在茶叶的基础上发展，茶叶所含有益于身体健康的生化物质是它生存的基石。截然相反的例证是烟草，同样400年世界性嗜好品的历史已经穷途末路，尤其近年来已经成为低文化层次的消费象征，连烟民都自嘲是“过街老鼠”。同样的理由，尽管茶叶受到同类嗜好品咖啡的冲击，但是茶叶不会消亡，至少在人类发现比茶叶更健康合理的饮料之前茶叶不会消亡。而今天再去寻找比茶叶健康合理的饮料是不可能的事情，因为这个“临床”所需要的时间代价任何一个民族都无法承担，从这个角度说茶叶会永存永生。

问题不是变化，而是为什么在元代变化。

陆羽对于茶叶质量、品级的关注已经在《茶经》里有充分的体现，宋代沿着陆羽的方向把饼茶的加工技术发展到了极致，相应开发的蜡茶针对帝王和超高消费阶层。为了满足市场需要，一方面发展加工工序简单的散茶，另一方面饼茶工艺简单化、粗糙化。原因固然不乏商人的利欲熏心，还有一个“不得不”的原因就是对夏辽金的大量贡茶，宋朝实在没有这么大的生产能力。按照欧阳修的说法，给西夏的三十万斤茶，“只此一物，可使中国公私俱困”（欧阳修《欧阳文忠公集·论与西贼大斤茶札子》)。这三十万斤是西夏的年茶叶消费量。何况较之西夏小国，前后还有辽、金这样的大国，所需茶叶数量更加庞大。这种情况下，除了简化工艺生产“假冒伪劣”产品别无选择。这种“假冒伪劣”产品没有保存下来，但是这种技术延续至今，只是已经被赋予新的意义，并因此而合法化，这就是紧压茶使用的洒面工艺。

过去黑砖和花砖原料分“洒面”和“包心”，包心原料质量较差，压在里面；而洒面原料质量较高，铺在面上。1967 年以后简化工艺，将洒面和包心的茶叶原料混合压制。此外，康砖茶、金尖茶、青砖茶、紧茶、饼茶、圆茶、米砖茶等都使用这种里外原料不一致，而且是里劣外优的加工技术，就是说洒面是以少数民族为消费主体的紧压茶普遍使用的加工工艺。而现在因为洒面的压制工艺难度很大，开发这个技术的必要性也不复存在，因此已经不再普遍使用。

如此生产的饼茶无法再加工成末茶，饼茶工艺的简单化、粗糙化堵住了从饼茶获取末茶这条主要传统途径，由此促成了散茶—末茶的发展，于是日本引进了宋代最广泛使用的散茶技术并延续至今。而对于女真、蒙古、藏等少数民族消费者来说，这样的饼茶只能加工成碎茶，迫不得已，偏离了正宗末茶，与自己的生活文化相结合，蒙古奶茶、西藏酥油茶应运而生。

再回到汉民族，散茶—末茶的产量仍然赶不上市场的需求，而且口味太重，不说好喝难喝，无法长时间大量饮用是不争的事实，于是元代的技术革新主要在饮用领域展开，把饮用方法简单化、口味清淡化的方法就是不再把散茶研磨成粉末，而是直接冲泡或煎煮。从《农书》上看，从散茶—末茶向散茶—芽茶的变化在元代前期已经完成，这意味着变化在宋代就开始了，王祯对于末茶不无留恋，但是很客观地记录了现实饮茶状况，并无多余的伤感，反映了中国人或者说文化核心地域进步、变化的文化史。因此结论是茶叶在中国人的乐感文化背景下正常发展变化，对于美味的追求是最根本的动力，因为这是民族性，所以这个追求是全民的追求，高度普及是基本条件，只是这一切偶然发生在蒙古族统治的元代。

二　明代茶文化的天趣观

洪武二十四年（1391），太祖朱元璋鉴于宋元以来的贡品龙团过于消耗民力，下令停止龙团贡茶的生产，原本主要是宫廷消费的团茶由此彻底停产，标志着茶叶生产由末茶向芽茶转型的结束。而制茶技术的变化、茶叶种类的转型直接导致茶汤加工技艺的变化，直接引发茶具连锁变革，最终导致了饮茶生活方式的变化。

现在的六大类茶叶和再加工茶都源于明清，明清为现代世界茶叶生产与消费奠定了基础。历史地看这个发展，与唐宋相比，最大的特征是由末茶变成了芽茶；与元代相比，最大的特征是由蒸青变成了炒青。

在明清茶叶加工技术的变化与发展中，杀青技术的变化最具有代表性。蒸青是唐宋主流杀青技术，明代已经形成炒青技术独占鳌头的特点。时至今日，不仅炒青绿茶成为中国代表性的茶叶种类之一，炒青技术也成为中国区别于另一个产茶大国日本绿茶的主要技术标志。

香气特征特别突出的炒青芽茶生产工艺简化，提高了茶叶产量，降低了生产成本，从根本上扩大了茶叶的消费群体，进一步促成了饮茶习俗的普及。茶叶的变化带来了饮茶方法的简便化，末茶研磨、搅拌的茶具被全部淘汰，一把壶，一只碗就可以成就饮茶生活。明人对此充满了自信与自豪，沈德符在《万历野获编》中总结了这个变革“遂开千古茗饮之宗”。

大鉴赏家文震亨在《长物志》里对于明代茶文化有一个精辟的总结：“简便，异常，天趣悉备，可谓尽茶之真味矣。”简便、天趣、真味成为理解明代茶文化最恰当不过的关键词。简便，从形式上可以直观地观察；真味，可以感性地感受；

自然情趣、天然风致的天趣则包含了更加深层的审美意识，三者互为表里。无独有偶，这些关键词在宋元画论里也频繁出现。如宋代米芾《画史》：

> 巨然师董源，今世多有本。岚气清润，布景得天真多。巨然少年时多作矾头，老年平淡趣高。
>
> 董源平淡天真多，唐无此品，在毕宏上。近世神品，格高无与比也。峰峦出没，云雾显晦，不装巧趣，皆得天真。岚色郁苍，枝干劲挺，咸有生意。溪桥渔浦，洲渚掩映，一片江南也。

明代孙矿在《柳诚悬书兰亭诗文》中也说：

> 诚悬书力深。此诗文率尔摘录，若不甚留意，而天趣溢出，正与清臣坐位帖同法。然彼犹饶姿，此则纯仗铁腕。败笔误笔处乃愈妙，可见作字贵在无意，涉意则拘以求点，画外之趣寡矣。（《书画跋跋·墨迹》）

无论是画还是茶，平淡天真都是对于庸俗的超越，对于真我的阐发。苏东坡有“诗画本一律”（《东坡全集·书鄢陵王主簿所画折枝二首》）的说法。作为一种审美价值观广泛应用于各个方面。

黄庭坚在《与王观复书》中说："所寄诗多佳句，犹恨雕琢功多耳。但熟观杜子美到夔州后古律诗便得句法。简易而大巧出焉，平淡而山高水深，似欲不可企及。文章成就，更无斧凿痕，乃为佳作耳。"美丽的雕琢就像"时时勤拂拭"无法否认，但是毕竟"本来无一物"的境界更上一层楼，当技巧炉火纯青，造物也就巧夺天工了，所以前者是过程，后者是目标。黄庭坚从杜诗看出简易的工巧，平淡的高深，没有雕琢痕迹的工巧，无疑是诗词创作的最高境界。到了明代发展为董其昌的"古淡天真"：

> 迂翁画在胜国时可称逸品。昔人以逸品置神品之上，历代惟张志和、卢鸿可无愧色。宋人中米襄阳在蹊径之外，余皆从陶铸而成。元之能者虽多，然禀承宋法稍加萧散耳，吴仲圭大有神气，黄子久特妙风格，王叔明奄有前规，而三家皆有纵横习气。独云林古淡天真，米痴后一人而已。（《御定佩文斋书画谱·论画八·画品下》卷十八）

在这个自然、质朴的审美观的背后是高度普及的饮茶习俗，庞大的消费客观要求简化生产工序和饮用程序。明代商品经济高度发达，超过世界上任何一个国家。富裕的社会促进了包括茶叶在内的消费水平，而蒸青的效率无法满足市场的茶叶需求，炒青的便捷高产与品质提升都超过了蒸青末茶和散茶。对于滋味的玩味也成了一种教养。张岱与闵汶水的交往是一个颇为典型的故事：

周墨农向余道："闵汶水茶不置口。"

戊寅（明代崇祯十一年，1638 年）九月至留都（今江苏南京），抵岸，即访闵汶水于桃叶渡。日晡，汶水他出，迟其归，乃婆娑一老。方叙话，遽起曰："杖忘某所。"又去。余曰："今日岂可空去？"迟之又久，汶水返，更定矣。睨余曰："客尚在耶？客在奚为者？"余曰："慕汶老久，今日不畅饮汶老茶，决不去。"汶水喜，自起当炉，茶旋煮，速如风雨。导至一室，明窗净几，荆溪（位于江苏宜兴南）壶、成宣窑瓷瓯十余种，皆精绝。灯下视茶色，与瓷瓯无别而香气逼人，余叫绝。

余问汶水曰："此茶何产？"汶水曰："阆苑茶也。"余再啜之，曰："莫绐余。是阆苑制法而味不似。"汶水匿笑曰："客知是何产？"余再啜之，曰："何其似罗岕甚也？"汶水吐舌曰："奇！奇！"余问："水何水？"曰："惠泉。"余又曰："莫绐余！惠泉走千里，水劳而圭角不动，何也？"汶水曰："不复敢隐，其取惠水，必淘井，静夜候新泉至，旋汲之。山石磊磊藉瓮底，舟非风则勿行，故水之生磊。即寻常惠水，犹逊一头地，况他水耶！”又吐舌曰：“奇！奇！”

言未毕，汶水去。少顷，持一壶满斟余曰：“客啜此。”余曰：“香扑烈，味甚浑厚，此春茶耶？向瀹者的是秋采。”汶水大笑曰：“予年七十，精赏鉴者无客比。”遂定交。[①]

初次的相逢事实上是一场考试，张岱最终以知茶而得到闵汶水的认可，这段史料也具体印证了“七不可解”之一的“啜茶尝水，则能辨渑淄”。闵汶水比较多地继承了古代茶文化中的精致细腻的一面，首先严格地制茶、择水；其次精于鉴别茶具，茶室的布置也颇为得当；既然饮茶是风流，自然不宜使奴唤婢，因此强调亲自烹点。闵汶水以他的茶，把一大批文人吸引到了他的周围。清代刘銮在《五石瓠》卷三中说得更加明确：

休宁（今安徽休宁）闵茶，万历末闵汶水所制，其子闵子长、闵际行继之。既以得名，亦售而获利，市于金陵（指今江苏南京）桃叶渡（秦淮河和青溪合流处的渡口）边，凡数十年。……董文敏以“云脚间勋”颜其堂，家眉翁征士作歌斗之。一时名

①［明］张岱：《陶庵梦忆》卷三《闵老子茶》，长沙：岳麓书社，2003年，第102-103页。

流如程孟阳、宋比玉诸公，皆有吟咏。汶水君几以汤社主风雅。①

一介茶商，俨然成了风流领袖，其中隐藏着明代的时代特征。商品经济的发展提高了商人的社会地位，也在一定程度上改变了传统上极端的重农轻商思想，文人少了迂腐气息（也许多了一些市侩气），不耻与商人为伍。

1665 年张岱 69 岁时写下了著名的《自为墓志铭》，总结了自己的人生，第七个不可解就是“博弈樗蒲，则不知胜负，啜茶尝水，则能辨渑淄，如此则智愚杂矣”。茶被作为雅文化的象征而与赌博游戏对应，而且短短一篇文章中两次出现茶，可以说反映了茶在张岱生活中的重要地位。这“七不可解”也为理解张岱身上反映出来的茶文化提供了完整的背景资料，从一个实例说明了茶文化产生的条件。

茶在张岱生活中不可或缺，达到了“茶淫”的沉溺程度。而对于茶的深度喜爱源于深度的理解：

> 昔人谓“香在未烟，茶在无味”。盖以名香、佳茗一落气味，则其气味反觉无余矣。人如如此，则可以悟道，可以参禅。（《琅嬛文集》卷六《祭祁文载文》）

① ［清］刘銮：《五石瓠》卷三，台北：艺文印书馆，1972 年，第 4–5 页。

无味之味乃是大味，张岱对于“大味必淡”的中国传统审美有着深度的共鸣，落实到茶上之后还进一步延伸，通向了悟道、参禅的精神世界。这种“一往有深情”式的理解是张岱人生观的一个体现：

> 问舜亦从闻见入乎？曰：舜之学从精一人，惟其精一，是以灵虚之中，万善悉备，一有感触，无不沛然。若胸中本有蔽塞，全靠所闻所见为主，便落了依傍的窠臼，安能有感即通？《四书遇·孟子·深山章》

张岱在这里非常清晰地阐明了独特性与普遍性的关系，即只有对个体的深度理解才能带来普遍的准确认识。

> 强，一也，率性而出，则为“中”“和”，倚于气禀，则为南北，须从心体入微处辨别。(《四书遇·中庸·问强章》)

张岱在这里又提出“率性”在“一往有深情”中所具有的前提性意义，而张岱对于茶的精深理解在闵汶水的故事中有淋漓尽致的体现。

率性是张岱思想中的重要概念。

> 仁者，人也。天命之性，天而人者也。

合而言之，道也。率性之道，人而天者也。（《四书遇·中庸·天命章》）

率性就是真诚自然，无羁无绊，人的良知由率性而出，使人达到天理所要求的高度。同时率性还是人性的审美标准，所谓“人无癖不可与交，以其无深情也；人无疵不可与交，以其无真气也”（《陶庵梦忆》卷四《祁止祥癖》）。率性在俗人眼里就是“癖”，就是“疵”，张岱对于祁豸佳由此萌发的“深情”“真气”给予了高度的评价。有一个纯真的心灵，就可以达到非常完美的人生境界，鲁云谷就是这样一位平凡而伟大的人：

云谷居心高旷，凡炎凉势利，举不足以入其胸次。故生平不晓文墨而有诗意，不解丹青而有画意，不出市廛而有山林意。（《琅嬛文集》卷四《鲁云谷传》）

把这种出自自然真实情感的执着用于技艺的话，那么这种技艺就可以超越肢体的技能，达到出神入化的境界。

孔子曰：“志于道，据于德，依于仁，游于艺。”圣人以游艺列于据德、依仁之后，每为学者所疑。余观妙艺诸君子，而知圣人立言之志矣。世人一技一艺，皆有登峰造极之理。至人必以全神注之，通神入化，必待天公，又不全藉人为，盖使人着力不得，不着力不得，服之，习之，便自得之，故曰“游”也。若夫妙艺诸君子，皆以书画得名，断断非浅秉薄质之人所能几及。于是知艺与道合，人与天通。（张岱《石匮书》卷二〇九《妙艺列传·总论》）

三　文人雅尚标志的茶

社会的需求是基础，而具有号召力、感召力的还是文人士大夫。个人的饮茶生活如明代陈继儒《小窗幽记》：

> 净几明窗，一轴画，一囊琴，一只鹤，一瓯茶，一炉香，一部法帖。小园幽径，几丛花，几群鸟，几区亭，几拳石，几池水，几片闲云。

饮茶之后的感受是：

> 茅斋独坐茶频煮，七碗后，气爽神清。
> 竹榻斜眠书漫抛，一枕余，心闲梦稳。

这里所表现的更多的是个人精神的闲适。其

图 1-15 王问《煮茶图》

实这种超脱的生活不仅是日常生活的价值观，还是对庸俗社会的批判。《煮茶图》【图 1-15】作者王问就借茶来高尚其志：

> 性不饮酒，而喜啜茗。筑绿萝小径，每遇风清月白，净几明窗，兴至举笔，或书或画，辄写数十幅，如有神助，自谓径丈大字，至老有进。凡仕宦过锡者踵门求见，往往以疾辞，而独好静颐。潘君与之考订书史，唱和篇什，昕夕忘倦，其人品高洁可想见已。（张萱《西园闻见录》卷二十二）

可见对于文人来说，茶不是解渴消食的饮料，而具涤荡心神之功，因此不能随意待之。“茶以芳洌洗神，非读书谈道，不宜亵用。然非真正契道之士，茶之韵味亦未易评量。”（李日华《六研斋笔记》）文人必备的书斋自然成了茶的首选空间。二酉山房是胡应麟的藏书室，里面的装饰：

> 湘竹榻一，不设帷帐。一琴，一几，一博山，一蒲团，日夕坐卧其中。性既畏客，客亦畏我。门屏之间，剥啄都绝。亭午深夜，焚香鼓琴，明烛隐几，经史子集，环绕相向。（胡应麟《少室山房集》卷九〇）

周履靖（1549—1640）“宅有一轩，颜曰闲云馆。左图右史，茗碗薰炉，杂贮牺尊宝鼎、云罍龙雌诸古玩。性好临书哦句，晴窗拂几研讨”（屠隆《梅花庵记》）。看来明代文人书斋已经有非常固定的装饰要素，而这些要素并非堆积杂陈，本身有其必然性。再看一个例子：

> 聚书万卷，演以缥缃；搜帖千轴，束以异锦。琴一、笛一、剑戟、尊罍、名香、古鼎、湘榻、素屏、茶具、墨品。暇日啸咏其间，无俗客尘事之累。当是震旦净土，人世丹丘。（费元禄《鼂采馆清课》）

周履靖在别业梅墟书屋也是“构数椽为书屋，列槿为墉，编竹为屏，绕垣皆梅”。一旦有客人造访，书斋就成了主客欢谈的场所，“客善诗者，匡坐氍毹，分韵刻烛，或拨篑燃炉，或瀹雪烹茗，未有不得意去也”（严绍峰《梅墟书屋记》）。

但是，既然把饮茶视为一种生活方式，它就被要求具有反映特定价值观的物质或非物质形式以标榜自己，区分他类，然而过分单纯、简单的载体不利于标志的树立，于是明人开始了新的探索。结社是一个重要的集合同类、树立风尚的途径。以饮茶为聚集的黏合剂和交往的润滑剂的群体往往具有隐逸的色彩，主要是布衣文人，如陈继儒、张岱，也有致仕归田的士人，如袁宏道、冯梦祯等。其领袖多才多艺，往往主宰一地一时的文坛、画坛等文学艺术领域。他们更多地把饮茶生活作为生活审美的一个实践途径；作为布衣他们更多地要求自己，要求个人，内倾的倾向非常显著。在主流社会追求功名、财富的同时，饮茶生活的价值观不啻为一款清醒剂，滋润着浮躁的心灵，深化了生活内涵，提升了休闲品质，促进了文学艺术才能的发挥。他们虽然一般都有着明确的政治倾向，却不把为官当政作为人生追求，而是注重自身修养，尤其是注重日常生活的完美、丰富、细腻。耕读之余，他们在茶寮里竹炉煮泉，紫砂沏茶，小杯品啜，抑或琴棋自娱，抑或学问切磋，抑或情谊融合。隆庆三年（1569），欧大任等在广陵城北的禅智寺仿兰亭之会：

> 楼台皆在烟雨中，景最奇绝。汝言伸纸作画，诸君临坐水槛，相与祓衣，起而或巾或衲，或履或笫；或焚香或瀹茗，或较弈或鼓琴；或对花而歌，或展卷而咏，或流羽觞，或持石铫；或二人共浮一人，或三人共嚼一斗，欢饮无算。于是各赋五言律一首。诗既成，步过法海寺少憩，又各赋一绝句，沿流而归。[①]

①［明］欧大任：《欧虞部文集》卷八，《四库禁毁书丛刊》集47，第141页。

明人另一个打造饮茶生活独特性的方式是营建茶室。饮茶对于环境的强调是比较突出的，唐代多是借景，利用野外自然景观与僧房、庭院等人文景观。宋代朝着饮茶专用空间建设的角度发展，花、画、香、茶组合及其专业服务机构在一定程度上反映了高度的艺术性与综合性，茶肆作为固定而且是经营性的专用饮茶空间走在最前列。明代饮茶高度普及，专用饮茶空间的建设也在普及，这就是茶室，或称之为茶寮。

许次纾在《茶疏》中提出的茶寮设计方案是，在书斋之外，高台、干燥、明亮、爽快处设置茶寮。墙边排列两个风炉，前面安置一个茶几，放置茶壶、茶盏，沏茶时使用。另外一个茶几放置其他茶具，旁边列一毛巾架，需要的时候可以拿过来使用。茶水斟酌之后立即加盖，以免受尘土污染，损害水力。炭要放得远一些，不要靠近风炉，适宜大量储备，隔宿干燥易燃。风炉稍微离开墙壁，炉灰要频繁打扫。总之，以当心火种，防止火灾为第一。

曾任礼部尚书的陆树声风节高扬，因与严嵩不和辞官归田上海松江。之后张居正执政，虽然一再请他回朝任职，都被拒绝。恬雅的陆树声在《茶寮记》里面给我们描述了他在茶寮举行的一次茶会。退居田园后的陆树声在啸轩墙垣之西建小寮，里面设置茶灶，瓢汲、罂注、涤沸等茶具一应俱全，挑选一个稍通茶事的人主持，另一个人辅佐他烧火打水。当客人来的时候，茶烟在竹林外袅袅升起。他经常与来访的禅客结跏趺坐，啜饮茗汁，了无俗话闲语。终南僧明亮最近从天池来，馈赠他天池苦茶，具体教授他烹点方法。他曾经在阳羡学习烹茶方法，士人一般都是先看火，然后煮水，所谓的蟹眼鱼目，根据沸腾泡沫的沉浮判断生熟，方法都一样。但是僧人烹点的茶汤绝对滋味清醇，具备清净味之奥妙。重要的是此一味不是隐士高人无法领略。他正要远离尘世，属意禅栖，或许可以因此而进入赵州境界。值此深秋，他与五台僧演镇、终南僧明亮一起在茶寮里试天池茶。明陆师道临文徵明一幅《吉祥庵图》【图 1–16】，吉祥庵是文徵明的斋寮，从中可以窥见陆树声茶寮的情况。

万历进士屠隆从礼部主事任上罢归之后撰写了《茶笺》，总结茶寮的作用为“供长日清谈，寒宵兀坐”，定位为“幽人首务，不可少废”。

费元禄也在甲秀园里造了一个小馆，名曰“鼌采”，据《汉书》颜师古注：“鼌，古朝字。朝采者，美玉每旦有白虹之气，光采上出，故名朝采。犹言夜光之璧矣。”费元禄“于声华势利一切嗜好泊如也，居恒箕踞鼌采，凡一琴，香一鼎，竹炉、茶灶一具。味爽栉梳，辄咏羲文易象、虞夏周书、公旦典礼，览仲尼之春秋、左、国、两司

图 1-16 明代陆师道临文徵明《吉祥庵图》

马诸史，倦则逍遥双树侧”（费元禄《鼂采馆清课》）。

但是，同时徒有形式的“书斋”也出现了：

> 今贵家子弟往往致饰精舍，炉香、瓶卉、珍玩种种罗列于前，而一经四籍未尝触手，诒人曰：“此我读书处也。”[①]

今天的精装华彩巨册也是为土豪家居装潢所制，看来中国古今对于读书的憧憬都很强烈。“夫书，心华也，亦性灵也。苟心华、性灵之不超，则下笔自沾尘气，曷所贵乎？”（胡承谱《只麈谭》卷上）此语针对书画而言，但是读书对于做人处事也是一样的道理。然而，“心华”“性灵”的实现需要经过阅读、思考这个不可逾越的过程，这个过程是痛苦的，所谓“学海无涯苦作舟”，可是土豪们只愿意用金钱去购置书籍，在形式上模仿风流。这虽然不是理想状态，却是向理想迈进的第一步，不应用“附庸风雅”来否定。因为风雅的社会风气就是“附庸”出来的。颜师古注风流，“言上风既流，下人则化也”。这个附庸风雅反映了社会主流价值观是积极的，富一代、官一代的土豪可能只是购书，但是到了富二代、官二代就有了读书的条件了，全社会的风雅、风流就向前推进了一步。所以，请理直气壮地附庸风雅吧。

① [明]姚士麟：《见只编》卷上，上海：商务印书馆影印本，1936年，第61页。

饮茶雅玩清赏的功能被高度重视，因为这个主导茶文化走向的群体的文人属性特征，也赋予了饮茶文人趣味的品质【图 1-17】。文人高度自由的心灵与淡泊宁静的性灵使得他们在饮茶生活中把自然天趣作为最高的追求，由此形成了自由自然、无形无骸的特征，与唐宋古典茶文化重视形式与礼仪，上升到政治、道德层面形成鲜明的对比。

总之，明代不仅完成了从末茶向芽茶的转化，而且为这种新型茶叶建立起文化，其中固然有着对唐宋的继承，独特的建树也是有目共睹的，尤其文人的小型、个性化茶文化空间在中国发展到了顶峰。而这个文化再次输入到日本，对于形式化的日本茶道产生了巨大的冲击。

四　中国风流的持续输出

以荣西为标志，宋代茶文化传播日本，首先还是在文化界—佛教界发展。平安时代（794—1192）后期，武士阶层抬头，随着日本进入混乱时代，武士掌握了实际政权。出生入死而又没有文化修养的武士为了杀人的罪恶和被杀的恐惧选择了佛教信仰和方便法门的饮茶。为日本茶道以佛教为根本和阴暗的文化色调奠定了基础。

第 88 代嵯峨天皇驾崩，留下遗言，让弟弟第 90 代龟山天皇子孙继承皇位，而不是让自己的皇子第 89 代后深草天皇的子孙即位，由此引

图 1-17 文徵明《品茶图》

碧山深处绝纤埃面面轩窗
对水开谷雨乍过茶事
好鼎汤初沸有朋来
嘉靖辛卯山中茶事方盛
陆子傅过访遂汲泉煮
而品之真一段佳话也
徵明制

发两派之间的对立。开始时在镰仓幕府的调停下，两派交互产生天皇。1336年足利尊氏拥立光明天皇践祚（北朝），后醍醐天皇到奈良南部的吉野建立了南朝朝廷，天皇王朝正式分裂，南北朝（1336—1392）时代开始。

1392年，第3代将军足利义满统一了南北朝，在京都室町建立了将军的办公机构，室町时代开始了。随着义满的去世，政局出现混乱，持续的将军继承问题削弱了义满建立起来的强大幕府政权，相反诸侯强大起来以守护将军为自任，成为所谓的“守护大名”。

无论是南北朝，还是室町时代，都是动荡的时代，朝廷、皇室失去了政治主导能力，完全由武将把持。室町幕府第一代将军足利义满的时代社会安定，这时的北山文化深受中央集权的公卿文化与武将文化和中国文化的影响。文雅之风在武士阶层逐渐兴起。在南北朝的动乱中兴起的武士阶层，特别喜欢新奇、奢侈的东西，这种观念同样也应用于茶会。在14世纪末的著述《吃茶往来》中就记载了这样的茶会：茶会张灯结彩，陈列着来自中国的舶来品“唐物”，以标榜权力和财力，当然也显示他们的修养。最后酒足饭饱，尽兴而散。

1450年，室町幕府第6代将军足利义成改名义政，他醉心于艺术，而对政治没有兴趣，由此导致他的正室日野富子、将军府、诸侯之间的权力争夺，而足利义成对于社会的动荡束手无策。最终将军的继承问题发展成为全国性的纷争，成为应仁之乱的导火索。应仁之乱始于 1467 年，持续十一年的内乱把京都变成了一片焦土，双方都没有获益，最终成为室町时代结束的标志，日本进入了下一个动乱的时期——战国时代。在这个悲惨的时代，有赖于足利义政的个人偏好，文化艺术有了很大的发展，被称为东山文化。中国的书斋文化成为日本模仿中国的切入点，茶文化自然扮演了重要的角色。

战国以诸侯—大名割据为政治特征，普通民众首次登上日本历史的舞台，扮演起前代所无法想象的重要角色，反过来压制了传统的势力阶层，因此又被称为以下克上的时代。大名之一的织田信长尝试以他的武力再度统一日本，1573 年，把第 13 代室町将军足利义昭赶出京都，室町幕府统治彻底结束，战国时代也完结了。由于平民的崛起，东山文化就具有了庶民的特征，佛教禅宗色彩浓郁的“侘”的审美意识最为典型，今天日本文化的原型就形成于此时。以中国文物“唐物”【图 1–18】为载体的日本茶文化出现了一股支流，根本是茶文化的日本化和庶民化。茶人从“侘”的审美意识出发，来到宁静贫困的山村，四处寻找处于精美绝伦唐物对立面的粗糙的日本

图 1-18 来自中国的日本国宝曜变天目
静嘉堂文库美术馆藏

国产器皿。而真正艺术水平高的作品，或者通过商业渠道一如既往地从中国进口，或者像丰臣秀吉那样通过战争从朝鲜半岛掳掠工匠来制作。由于技术水平和原材料资源的制约，即便在“侘”的审美意识建立起来之后，还是要委托中国或朝鲜生产。当时日本的茶文化进一步日本化，然而又不得不委托中国生产的另一个重要原因是，中国已经放弃末茶，不再直接生产末茶茶具。

随着江户时代（1603—1867）的到来，日本社会结束了近三百年的战乱，终于进入了唯一的长期和平时期。茶的世界也被秩序化，离开了政治舞台的茶，成为标榜教养的雅玩。可是普及带来了难以避免的庸俗化，作为游艺的茶道与茶道的追求是否一致首先受到内部的质疑。除了思想上的批判，茶的世界也从行动上改造了这个世界，原本作为单纯的嗜好饮料的散茶被“道化”，扬弃茶道的形式乃至于思想，形成了法式完备的煎茶道，在憧憬中国文化的文人中流行开来。黄檗山万福寺住持隐元（1592—1673）成为明清茶文化传播的象征性人物，而将中国散茶日本化，由此创建煎茶道的代表性人物则是自称卖茶翁的高游外（1675—1763）。

高游外在《梅山种茶谱略》的开篇写道：

> 茶，神农以来尚其来。至唐，陆羽著经，卢仝作歌，茶事布海内。尔来，风骚之士若诗赋造谱，无不云赏茶。在吾邦，往昔乏此事。①

他的理想茶事是与文学、音乐创作一体化，远宗陆羽、卢仝，近效明代文人。他的诗偈也很好地体现了明代文人的隐逸思想。比如享保二年（1735）他在京都东山开了个名曰通仙亭的茶肆：

> 茶亭新启鸭河滨，坐客悠然忘主宾。
> 一碗顿醒长夜睡，觉来知是旧时人。

推崇崭新的茶文化的背景是日本文人的现代自我意识的觉醒。以高游外为代表的文人对于佛教的过分形式化产生了强烈的怀疑，否定所谓

①［日］高游外：《梅山种茶谱略》，《日本的茶书》2，东京：平凡社，1972年，第62页。

禅茶一味的茶，回归文人文化，对中国文人的趣味产生了强烈的共鸣。按照茶人学者小川后乐的说法：

> 不难想象被称为文人的近世知识阶层以新奇的目光审视从文化先进国的中国传来的煎茶器具时，受到其审美意识的强烈冲击。他们通过各自不同的专业，从中国的绘画、文物等方面，在高游外实地煎茶之前就已经知道了煎茶的知识，产生了无限的憧憬。就像当初嵯峨天皇在唐代的吃茶世界里实现梦想。[①]

新一代日本文人要通过唐宋文学以及日本的古代文学建设不同于茶道的饮茶文化。上田秋成《清风琐言》的最后从“卖茶翁所藏唐制茶瓶图”开始，主要介绍中国茶器。《煎茶略说》进一步指出：“高翁所持急烧、南瓜形都是唐物。清水六兵卫模仿其造型，世上称之为卖茶翁形。”可见明清茶文化对于日本煎茶的影响程度。不盲从权威，不为物欲驱使，追求清雅风流的新型茶文化由此建立起来了。

五　东方文明的输出

清代茶文化在普及方面的发展更加显著，首先作为生活饮料继续普及，丰富的产品、多层次的价格、日益提升的生产技术是基本保证。随着

① [日]小川后乐：《茶的文化史》，东京：文一总合出版，1980年，第295页。

大众的普遍参与，精英阶层的影响力减弱，文人茶文化的声音日趋微弱，尽管“茶竹双痴”的郑板桥的理想境界是茅屋一间，新竹数枝，在雪白的纸窗上，印下淡淡的绿色，然后独坐其中，一盏雨前茶，一方端砚石，一张宣州纸。但是没有了积极的鼓吹，从茶书上看，陆庭灿的《续茶经》是中国篇幅最大的传统茶书，与清代考据学相呼应，是对中国茶文献的一次成功整理，但不是对饮茶生活的经验总结与理论提升。

清代饮茶的社会性通过传统社会的消闲、娱乐项目而发展到了顶峰，茶馆是最典型的体现场所。不过不同的视角形成了迥异的评价，朝廷把茶馆视为天下太平、人民安逸的标志，康熙帝南巡时，从平远堂俯瞰虎丘，田畴林木宛若错锦，酒坊茶肆罗列其中，苏州民众各安生业，管弦竞奏，“觉有升平景象”（《圣祖仁皇帝御制文集》）。可是因为茶不是生活必需品，在印证富裕的同时也反映了奢侈消费的风俗，于是站在传统社会勤俭节约立场上的人士便批评这种生活方式，乾隆皇帝即位时在谕旨中批评江浙一带的奢靡习俗，其中包括星罗棋布的茶馆，认为茶馆酒肆会误导年轻人不务正业，从而使得民生艰难。但是茶馆的开设又何止江南，这些价格低廉、内容丰富、便利随意的消闲场所，遍布全国城乡。

不管朝廷如何看待茶馆，平民百姓还是照

常出入，流连忘返。他们在茶馆看戏听书，社交消闲，议论时政，交流信息，是中国最重要的社交空间。清廷严格规范作为统治民族的满族的行为规范，规定即便是贵族入茶肆惹是生非也与平民一样公平处理。

可是在中国享受自己的文明成果、沉湎于歌舞升平之中的时候，随着技术的发展，欧洲各国迅速调整国策，从传统的国内阶层间的压榨变成现代的对国外的掠夺。而长期自成体系的中国对于海外的变化一无所知，在不知不觉中已经被卷入全球化——西方化的浪潮。刚开始，就像日本一样欧洲对于中国充满了憧憬，到处弥漫着“中国趣味”，进口大量的中国商品，其中包括茶叶。而中国因为在经济、文化上都遥遥领先，产业结构也非常合理，无论是基本生活必需品还是高附加值的奢侈品都具有最高的生产与消费水平，既不需要海外的市场，也不需要海外的技术。乾隆帝在致英国乔治三世的信函中说：“天朝物产丰盈，无所不有，原不借外夷货物以通有无。特因天朝所产茶叶、瓷器、丝斤为西洋各国及尔国必需之物，是以加恩体恤，在澳门开设洋行，俾得日用有资，并沾余润。”对外贸易是中国对海外诸国的怜悯。1901 年，针对欧美普遍认为中国人口众多，物质贫乏，必须依靠外国的认识，赫德发表了《中国及其对外贸易》，指出中国地域广袤，人口众多，形成了庞大的市场，何况“中国有世界上最好的粮食——大米，最好的饮料——茶，最好的衣料——棉布、丝绸和皮革。中国拥有这些大宗物产，还有无数土特产品，他们实在不需要从外面购买哪怕是一分钱的东西”。①

“中国商品像是拨开了蒙在欧洲人艺术和审美之眼的一层雾障，像是为欧洲指引出生活的快乐之门，因此大受欢迎”②。欧洲人认为 17 世纪初茶叶作为商品进入了欧洲。一直到 18 世纪荷兰都是最主要的茶叶贩运国。因为拿破仑战争使荷兰国内社会动荡，逐渐失去了在茶叶经济中的重要地位。到 19 世纪已经完全由英国取而代之。而英国在 1664 年只进口了两磅两盎司茶叶，而 1716 年两艘英国货船从广州运回了 3000 担茶叶，占总货值的 80%。茶叶成为中英贸易的主角，其他商品仅是陪衬。1799 年，英国东印度公司从中国进口茶叶 157526 担，货值达到 2545624 两白银，而总货值是 4091892 两，茶叶占 62%，这年的比例在 18 世纪后期是特别低的一年。因为英国的茶叶进口税是 100%，欧洲各国纷纷从中国购茶向英国走私。清朝茶叶出口欧洲的口岸最初是厦门，自雍正年间开始，广州成为唯一口岸，直到鸦片战争。

英国社会人类学家麦克法兰是茶叶种植园

① [英]赫德：《这些从秦国来——中国问题论集》，叶凤美译，天津：天津古籍出版社，2005 年，第 40 页。

② 张国刚、吴莉苇：《启蒙时代欧洲的中国观：一个历史的巡礼与反思》，上海：上海古籍出版社，2006 年，第 353 页。

主的后代，他在《绿色的黄金》中指出，改变人类文明模式的工业革命之所以首先发生在 18 世纪的英国，与英国人形成饮茶习俗有直接关系。可是当英国进入“茶叶时代”之后，中国得到的回报却是鸦片，以鸦片战争为标志，中国由此进入了百余年的“鸦片时代”。英国用武力强迫清朝接受鸦片，其他列强纷纷加入分赃的行列，竞相蚕食中国，中国进入了前所未有的民族危机之中，我们今天虽然看到了复兴的曙光，但是解决残留下来的问题仍然是中国面对的重要课题，而且欧美还在努力恶化这些问题，再次为他们过去的侵略寻找合理性，为明天的侵略寻找机会和借口。

无论你多么富裕，无论你的 GDP 有多高，面对列强就完全不属于自己了。作为先进国家，他们制定规则，修订规则，最终把中国的被侵略、把第三世界的被渗透变成文明的输出。而这个文明的成果，只要这个国家没有成为帝国主义、殖民主义，没有成为掠夺者，是享受不到的。于是首先赞美这个文明输出的是帝国主义的后起之秀日本，因为它成功跻身先进国家之列，成为试图主宰亚洲的先进国家。全世界都接受了这个现实，一个世纪以来，中国具有高度思想独立性的学者专家，在努力寻找中国被打的理由。从这点上看，中国虽然没有在国家体制上成为殖民地，中国人的脑子却没有逃脱殖民的厄运。还是斯大林教给了我们真谛：落后就要挨打。

> 旧俄历史的特征之一就是它因为落后而不断挨打。蒙古的可汗打过它，土耳其的别克打过它，瑞典的封建主打过它，波兰和立陶宛的地主打过它。英国和法国的资本家打过它，日本的贵族打过它。大家都打过它，就是因为它落后。因为它的军事落后，文化落后，国家制度落后，工业落后，农业落后。大家都打它，因为这既可获利，又不会受到惩罚。你们记得革命前的一位诗人的话吧："俄罗斯母亲呵！你又贫穷又富饶，你又强大又软弱。"这些先生把旧日诗人的这句话背得很熟。他们一面打，一面说"你富饶"，那就可以靠你发财。他们一面打，一面说"你贫穷，软弱"，那就可以打你抢你而不受到惩罚。
>
> 打落后者，打弱者——这已经成了剥削者的规律。这就是资本主义弱肉强食的规律。你落后，你软弱，那你就是无理，于是也就可以打你，奴役你。你强大，那你就是有理，于是就得小心对待你。
>
> 正因为如此，我们再也不能落后了。[①]

①［苏联］斯大林：《斯大林全集》第十三卷，北京：人民出版社，1955 年，第 37–38 页。

这是 1931 年 2 月 4 日，斯大林在全苏社会主义工业工作人员第一次代表会议上发表的《论经济工作人员的任务》。语言具有那个时代的深刻烙印，但是事实分析准确。今天中国的政策与清代有着很大的差异，比如我们抛弃闭关自守，主动走出去，要把中华民族的理念传达给世界，要让世界共享中国的智慧。可是，中国啊，你做好了自我保护的准备了吗？即便因为中国的发展，列强已经无法轻易使用坚船利炮，但是产业也同样有危险。中国茶业衰落最根本的原因还是在这里。

东印度公司通过在印度种植鸦片，走私到中国获得白银，再通过销售中国的茶叶获得白银，鸦片和茶叶的贸易成为日不落帝国不可取代的经济来源，英国政府每 10 英镑的税收就有 1 英镑来自茶叶，支撑着英国在印度西北边境发动的一系列的扩张战争，维持了对殖民地印度的管理和英国本土的富饶。鸦片销量直线上升，从 1822 年到 1837 年，对中国的鸦片销量增加了 5 倍。1839 年，清朝政府终于忍无可忍了，于是有了众所周知的虎门销烟。于是，维多利亚女王派遣以蒸汽为动力的英国海军，一举打败了中国，一个世纪的外交努力没有得到的东西霎时到手，“香港”应运而生。西方先进国家的鸦片开始畅通无阻地进入中国，但是高度的文明使得他们可以高瞻远瞩，印度总督亨利 · 哈丁向英国发出了警告：

> 依我看来，北京政府完全有可能在几年之内将中国的鸦片种植合法化，这里的土地已被证明像印度一样适宜这种作物的生长，可能导致政府目前主要的财政收入来源之一彻底枯竭；基于这种推断，我认为最理想的对策是尽可能地鼓励在印度进行茶叶种植。依我之见，后者从长远看来很可能为国家提供同等收益，并且是比当下鸦片的垄断销售更加保险的财政来源。①

不管是清朝贵族还是皇帝，都没有达到这位英国绅士对于财富不择手段追求的程度，没有按照他的逻辑把鸦片种植合法化，尽管无论中西都认为中国人以野蛮落后著称。但是英国东印度公司却是按照哈丁的建议落实了“人类有史以来最重大的商业机密盗窃案”，具体操作者是罗伯特·福钧。

罗伯特·福钧出身卑微，但是非常聪明，跟随当园丁的父亲学习园艺知识。在1839—1860年之间，受英国皇家园艺协会派遣，四次来华，盗运了大量的植物回英国。朝廷对于茶树等植物资源有着很强的保护意识，可是民众的相关意识却完全缺失，何况这次面对的犯罪者前无古人。

① [美]萨拉·罗斯《茶叶大盗——改变世界史的中国茶》，北京：社会科学文献出版社，2015年，第17页。

1851年2月，罗伯特·福钧通过海运，成功运走2000株分别来自松萝、武夷、舟山金塘和宁波的茶树苗，1.7万粒茶树发芽种子，同时带走6名中国制茶专家到印度的加尔各答，种植在印度大吉岭，殖民地印度及斯里兰卡等地的茶叶生产由此建立起来。从1873年到1920年，中国的茶叶出口从215710000磅锐减到40787000磅，在世界茶叶贸易中的比重从92%下跌到6%。

按照《茶叶大盗——改变世界史的中国茶》作者萨拉·罗斯的说法：

> 茶叶符合知识产权的全部定义：它是一种商业价值极高的产品；制茶需遵循一整套受中国严密保护的准则和中国式的独特程序；这套完善的准则和程序是中国茶叶对其竞争对手保持巨大优势的秘密所在。

今天的中国面临着重写茶史的历史性课题。

第二章　茶　品

中国通过各种技术手段执着追求美味的传统在世界上堪称一绝，对于美味的追求也是中国茶文化发展的基本动力，同一种原材料的茶树叶片加工出丰富多彩的茶叶产品就是其成果体现。茶叶按照加工工艺中的氧化特征分成六个基本种类，所有茶叶种类的加工技术都是中国人开发的，茶叶加工技术是中国茶文化发展的一条主线。由此各产茶地都有自己独特的茶叶产品，数量不胜枚举。丰富多彩的茶叶产品由地方文化培育，是一方水土通过茶叶的一个综合体现，因此即便在现代国际化、标准化的浪潮之下，地方文化仍顽强地坚持着茶叶的本土化，真正落实了坚持民族化就是实现了国际化的理想。

第一节　绿黄黑茶

茶叶鲜叶采摘后适当地摊放贮青，然后高温杀青，彻底破坏酶的活性，阻止茶叶的酶性氧化。之后湿热作用引起非酶性自动氧化，导致多酚类化合物氧化，并产生一些有色物质，其他化学物质也产生相应的变化。因为工艺条件不同，湿热作用的程度各异，多酚类化合物氧化的深度和广度也不同。基于这些变化的深浅程度，从制茶工艺和品质特点入手，将所加工的茶叶分为绿茶、黄茶和黑茶。

绿黄黑三大茶类形成示意图

鲜叶

↓

杀青

↓

揉捻

↙ ↓ ↘

干燥 闷黄 渥堆

↙ ↓ ↘

绿茶 黄茶 黑茶

一 绿 茶

中国产量最大的茶叶种类是绿茶，各产茶省均生产绿茶，尤其以浙江、安徽、江西为主。

绿茶根据制茶方法可以分为四大类：锅炒杀青，揉捻后炒干的绿茶称炒青绿茶，如西湖龙井【图 2–1】、碧螺春、信阳毛尖等；锅炒杀青

图 2–1 西湖龙井（范俊雯提供）

后烘干的绿茶称烘青绿茶，如黄山毛峰、太平猴魁【图 2–2】、天目山云雾等；蒸汽杀青的绿茶

图 2–2 太平猴魁（范俊雯提供）

称蒸青绿茶，如恩施玉露【图 2–3】、仙人掌茶等；

图 2–3 恩施玉露

锅炒杀青，揉捻后晒干的绿茶称晒青绿茶，如滇青、黔青、川青等。

炒青绿茶是最大宗的绿茶产品，按照产品形态，长条形的炒青绿茶称为长炒青，如婺绿炒青、屯绿炒青、杭绿炒青等；颗粒状的炒青绿茶称为圆炒青，如平水珠茶；而知名度最高的千姿百态的名茶则因为产量相对有限而称为特种炒青，其中还可以按形状分为扁平形如西湖龙井、六安瓜片等，卷曲形如洞庭碧螺春、都匀毛尖等，针形如信阳毛尖、南京雨花茶等，圆珠形如涌溪火青、泉岗辉白等，直条形品目最多如古丈毛尖、蒙顶甘露等。

绿茶的初制工艺分杀青、揉捻和干燥三大工序。第一道杀青工序的目的是利用高温破坏酶的活性，抑制多酚类物质的酶性氧化，对于形成清汤绿叶的绿茶品质特征来说至为关键。同时杀青工序在除去草腥气的同时，还产生了大量的芬芳物质。毫无疑问，在加工过程中鲜叶中的水分会大量蒸发，于是细胞的张力降低，茶叶变得柔软，为进入下一个揉捻工序做了技术准备。揉捻的目的是做形，使茶叶卷曲成条，同时揉破叶细胞，使茶叶内含物质溢出黏附在叶面，冲泡时茶叶的各种成分容易浸出。最后，通过干燥继续破坏茶叶中残余的酶，进一步提高香气，完成最后的做形，特种炒青丰富多彩的造型都是这时形成的，茶叶的品质最终固定下来。

二　黄　茶

黄茶是中国特产茶叶，按鲜叶嫩度分成三种：芽头加工的黄芽茶如君山银针、蒙顶黄芽【图 2-4】、莫干黄芽等，一芽一二叶的黄小茶如

图 2-4 蒙顶黄芽（黄韩丹提供）

沩山毛尖、平阳黄汤、鹿苑茶等，一芽三四叶的黄大茶如霍山黄大茶【图 2-5】、广东大叶青等。

图 2-5 霍山黄大茶

黄茶黄叶、黄汤，香气清悦醇和。

黄茶的加工分杀青、揉捻、闷黄、干燥四道工序。黄茶的杀青比绿茶鲜叶一次投入的数量大，锅温低，时间长，因此已经有闷黄的意义。揉捻不是所有黄茶都必需的工序，热揉同样具有闷黄的作用。闷黄是形成黄茶品质的决定性工序，但是与其他工序的衔接并不千篇一律，相反因茶而异，变化很大，如沩山毛尖等在杀青后闷黄，而广东大叶青等则在揉捻后闷黄，黄大茶在第一次干燥后闷黄，蒙顶黄芽闷炒交替进行，君山银针烘闷交替进行，温州黄汤的第二次闷黄则是边烘边闷。闷黄的时间长度也是千差万别。由此形成黄茶的丰富性。最后的干燥有炒干和烘干两种方法。

三　黑　茶

黄茶的闷黄进一步延长时间、增加温度就会演变成黑茶的渥堆工序。黑茶原来主要是边疆少数民族消费，因此被称为“边销茶”，但是现在这种消费格局正在发生变化，内地的消费量不断提高，黑茶正在成为全国性乃至世界性茶叶品种。黑茶的生产主要在江南各省。湖南黑茶原产地在安化【图 2-6】，现在益阳也成为主要产地，有湘尖茶、黑砖茶、花砖茶和茯砖茶等品种，主要销往新疆、宁夏、甘肃、内蒙古等地和俄罗斯、蒙古等国。湖北黑茶以老青茶为代表，主产于赤

图 2-6 安化黑砖茶

壁、咸宁、通山、崇阳等地。四川黑茶分南路边茶和西路边茶，南路边茶以雅安、天全、荥经等为主产地，主销西藏，西路边茶以都江堰、北川、平武等为主产地，主销四川阿坝藏族自治州、青海、甘肃、新疆。广西黑茶以原产苍梧六堡乡的六堡茶最著名，主销广东、广西、香港、澳门，以及东南亚各国。自 20 世纪 70 年代开始，以普洱为集散地的云南普洱茶【图 2-7】也采用了渥

图 2-7 普洱熟茶散茶

堆技术生产黑茶，过去主销广东、香港、澳门，以及东南亚各地，现在正以迅猛的势头向全国乃至世界普及。

在漫长的历史中，各地的黑茶形成了各自的技术传统，再加上工序相对复杂，为变化发展提供了比较充分的空间。尽管如此，杀青、揉捻、渥堆、干燥是黑毛茶必不可少的四道基本工序，其中的渥堆则是黑茶的标志性工序，是形成黑茶品质的关键。黑茶的原料一般都比较成熟粗老，为了避免因水分不足而无法充分杀青，要向鲜叶原料均匀洒水然后杀青。当鲜叶散失 40% 左右的水分，柔软而略带黏性，颜色由青绿转变为暗绿，草腥气消失，清香出现时，趁热揉捻。揉捻一为做形，使茶叶成条状；二为破坏叶细胞茶汁黏附在茶叶表面，便于饮用时浸出内含成分。渥堆是黑茶的特有工序，使茶叶内含物质发生复杂的化学变化，形成黑茶特有的色、香、味。与黄茶的闷黄和红茶的堆积发酵相比，黑茶的渥堆时间长、堆积大而紧，根据堆温还需适时翻动。最后干燥，稳定茶叶品质。

第二节　白青红茶

鲜叶萎凋使叶细胞组织脱水，细胞液浓缩，蛋白质理化特性改变；细胞膜透性增强，细胞器（线粒体、叶绿体、液泡体等有形体）的结构和功能改变；酶由结合状态变为溶解状态，酶系反应方向强烈地趋向水解，酶的活力增强；一些贮藏物质和部分结构物质，如淀粉、多糖、蛋白质、果胶、酯类物质等开始分解成简单物质。叶绿素破坏，芳香物质组成和比例的改变等一系列变化，导致萎凋叶色、香、味相应改变。从茶叶品质上看，就是通过促使细胞组织、细胞特征的变化，使原本不溶于水的成分溶于水，在化学反应中产生更多的氨基酸等让味觉、嗅觉感官愉悦的成分，增加茶叶的浸出物。萎凋的主要技术因素有温度、湿度、通风量和时间等，这些要素的调整促成了白茶、青茶、红茶的产生，氧化程度是最基本的差别。

白青红三大茶类形成示意图

鲜叶

↓

萎凋

↙ ↓ ↘

干燥　做青　氧化

↙ ↓ ↘

白茶　青茶　红茶

一　白　茶

白茶是中国特产，主产地在福建。白茶工艺程序最简单，采用不炒不揉的晾晒烘干工艺。原料是多毫的幼嫩芽叶，因此干茶表面布满白色茸毫，有芽茶（如白毫银针【图 2–8】等）和叶茶（如贡眉等）之分。

萎凋是决定白茶品质的关键工序，简洁的

图 2–8 白毫银针（蔡良绥提供）

工序更要求有限的工序必须准确到位，因为无法通过后续工序对于前期差误进行修正。鲜叶要及时萎凋，在水筛内摊叶时要轻快均匀，放在通风处缓慢地氧化，形成汤色嫩黄、叶底嫩白、清鲜爽口的品质特征。萎凋过程中不能翻拌。萎凋到八成干时白茶的品质已经基本形成，接下来的烘焙工序完成最后的干燥指标，同时进一步提升滋味和香气。

二 青 茶

青茶又称乌龙茶，传统产区在福建、广东和台湾，尤其福建量多质优，品种丰富。青茶可分为四种，按多酚类氧化程度从轻到重依次为台湾包种茶、闽南乌龙茶、闽北乌龙茶和台湾乌龙茶。闽北乌龙出产于福建北部的武夷山一带，包括武夷岩茶、闽北水仙、闽北乌龙等品类，大红袍【图 2-9】、铁罗汉、白鸡冠、水金龟是武夷岩茶

图 2-9 武夷岩茶大红袍

图 2-10 安溪铁观音

中的“四大名丛”。闽南乌龙主产于福建南部的安溪、永春、南安、同安等地，主要品类有铁观音【图 2-10】、黄金桂、闽南水仙、永春佛手、闽南色种。广东乌龙茶产于广东东部，花色分为凤凰水仙、色种、铁观音、乌龙四大类。台湾乌龙源于福建，发酵程度相差悬殊，发酵重者近似红茶，汤色黄亮泛红，发酵轻者近似绿茶，汤色绿黄。著名品种有冻顶乌龙、文山包种、木栅铁观音、南港包种、白毫乌龙等。总的说来，青茶色泽青褐，汤色黄亮，香气浓郁，叶底绿叶红镶边是部分氧化的反应。

青茶的加工工序非常复杂，各种青茶之间也有很大的差异，概括地说有晒青、晾青、摇青、炒青、揉捻、烘焙制成等工序。晒青是萎凋的一种方式。茶叶鲜叶采摘后薄摊日晒，当鲜叶脱水，分量降低 10%—15% 时，晒青结束，进入做青工序。这时把鲜叶移到阴凉通风处摊晾，一方面散发热量，一方面使茎梗里的芳香物质随着水分向叶片转移，水分从叶面蒸发，而水溶性物质在叶片内积累下来，是为晾青。摇青，把茶青放在水筛上来回转动，叶绿细胞受到摩擦，叶细胞被破坏，茶多酚发生酶性氧化和缩合，由此产生有色物质，绿叶红镶边形成，同时促进芳香类化合物的生成，水分也进一步蒸发。晾青和摇青总称做青，历时6—8个小时。这是青茶特有的工序，是形成青茶品质的关键。炒青，是转折性工序，和绿茶的炒青工序一样，目的是抑制鲜叶中酶的活性，控制多酚类的氧化进程，固定做青形成的品质，维护绿叶红镶边。同时，使低沸点的青叶醇等草腥气的物质挥发或转化，形成乌龙茶馥郁的香气。杀青叶在揉捻工序反复揉搓，一为做形，二为破碎叶细胞，挤压出茶汁，黏附在叶面，冲泡时容易浸出滋味。烘焙，是最后的干燥工序，同时再度抑制酶性氧化，引发热化作用，消除苦涩味，使茶汤滋味醇厚。

三　红　茶

青茶一方面促使茶叶氧化，另一方面又抑制茶叶的充分氧化，因此出现绿叶红镶边的色彩特征，意味着青茶部分氧化的特点，而“彻底”氧化就是红茶。中国红茶分工夫红茶、红碎茶和小种红茶三种。小种红茶创制于福建武夷山市，

图 2-11 正山小种（范俊雯提供）

产于桐木关者称“桐木关小种”，产于崇安、建阳、光泽三市（县）高地者统称“正山小种”【图 2-11】，武夷山附近出产而以崇安星村镇为集散地者称“星村小种”，福安、闽侯、屏南、古田、政和等地工夫红茶烟熏仿制者称“烟小种”。工夫红茶由小种红茶演变而来，因为做工精细而得名，主要品类有祁红【图 2-12】、滇红、闽红、川红、宜红、宁红、越红、湖红、苏红、台红等，在印度等国茶业崛起之前是世界茶叶市场的主角。红碎茶是小颗粒形红茶，20 世纪 60 年代开始大量生产，成为主要出口茶类之一。金骏眉

图 2–12 祁门红茶（范俊雯提供）

是近年出现的小种红茶的奇葩。各种红茶的品质特点都是红汤红叶。

各地红茶的加工工艺上都有或多或少的差别，但是初制中都有萎凋、揉捻、发酵、干燥四个工序，色香味的形成都有类似的化学变化，只是变化的条件、程度上存在差异。萎凋使鲜叶脱水变得柔软，便于下一步揉捻成形。萎凋在物理的脱水，使得细胞汁的浓度提高的同时，还引起内含物质的化学变化，茶多酚类物质开始氧化，减少茶叶的苦涩味，糖类物质发生水解，蛋白质分解一部分，氨基酸总量提高，茶汤更加醇厚，在草腥气挥发的同时产生大量芳香物质，为形成红茶的色香味奠定基础。揉捻破坏叶细胞组织，细胞原生汁中的多种酶与揉出的茶汁中的各种化学物质接触，发生强烈的氧化作用。茶叶品质化学物质开始形成与积累。对于成品茶叶来说，溢出的茶汁黏附在叶面，便于成品茶叶滋味的浸出，同时塑造茶叶的外形。揉捻后的茶坯按照一定厚度摊放在发酵盘里，茶坯中的化学成分在有氧的情况下氧化变色，聚合成茶黄素、茶红素。茶黄素是黄色物质，具有较好的鲜强度。茶红素是红色物质，具有醇甜滋味，它们与没有氧化的茶多酚共同构成红茶浓厚鲜爽的滋味和红浓艳亮的汤色，从而形成红茶红叶红汤的品质。发酵好的茶坯利用高温迅速钝化各种酶的活性，将发酵至此的品质固定下来，阻止进一步的发酵。同时，散发大部分低沸点的草腥气，激活并保留高沸点的芳香物质，获得红茶特有的甜香。就蒸发水分来说，也是固定形状、保持足干、防止霉变的需要。小种红茶在发酵后还增加了锅炒和复揉两个工序。

第三节　再加工茶

绿茶、黄茶、黑茶、白茶、青茶、红茶是基本茶类，以这些基本茶类为原料再加工的产品被称为再加工茶，其中品目繁多，而最主要的产品是花茶和紧压茶。

一　花　茶

用茶叶和香花拼合窨制，使茶叶吸收花香而制成的茶叶就是花茶。清代咸丰年间（1851—1861），福州已经成为窨制花茶的中心，1939年，苏州发展成为第二个花茶的生产中心。华北、东北地区以及山东、北京、天津、成都的花茶消费量最大，也是中国的特色外销茶。窨制花茶的茶坯主要使用烘青绿茶，根据窨制花卉可以分为茉莉花茶、白兰花茶、珠兰花茶、玳玳花茶、柚子花茶、桂花茶、玫瑰花茶等，其中茉莉花茶的产量最大。

茶叶是疏松多孔物体，内部的大量细微小孔发挥着毛细血管的作用，吸收空气中的气味和水分。茶叶中的萜烯类、棕榈酸等成分虽然自身没有香气，却拥有吸附香气的功能，发挥着定香剂的作用。茶叶通过水分吸收花卉的香气，茶叶的干燥程度、表面积大小，以及与花卉的距离决定其吸附能力，所以要求茶坯湿度低，条形松散的烘青茶的吸附力超过条形紧凑的炒青茶。不同的茶叶对于不同的花卉有着不同的吸附反应，烘青绿茶对茉莉花的香气吸收以及香气的再构成具有很理想的效果，而红茶则对玫瑰花的香气有较好的接受。

花茶窨制首先是茶坯处理，将茶坯复火干燥并冷却。同时，鲜花也要进行维护。之后迅速而均匀地拌和茶花，做堆。堆高，对于提高花茶香气浓度有利；堆低，对于提高花茶鲜灵度有利，需要合理处理。窨堆会产生热量，因此需要适时散堆薄摊，通花散热，同时也促使茶坯更加充分地吸收花香。当茶坯温度下降到略高于室温时，收堆续窨。到鲜花的释香过程结束即可起花，用抖筛机分离茶坯与残花。这时的茶坯湿度在 12%—16%，需要高温、快速复火干燥，以减少香气的流失。高档花茶为了提高花香浓度往往多次窨花。最后提花，用少量鲜花复窨一次，出花之后不再复火，摊凉冷却后即可装箱。

二　紧压茶

各种散茶经再加工蒸压成一定形状而制成的茶叶称紧压茶或压制茶。紧压茶是重要的边销茶，主要销往西藏、青海、新疆、甘肃、内蒙古等地以及俄罗斯、蒙古等国。

绿茶紧压茶的主要品种有云南沱茶、方茶、竹筒茶，广西的粑粑茶，四川的毛尖、芽细等。云南沱茶【图 2-13】以滇青为原料，按地区、季节进行品质调剂拼配后，经过筛分、拣剔、蒸揉、压制成形、干燥完成加工。其中下关沱茶品质最佳，外形紧结端正，色泽乌润，外披白毫，香气馥郁，汤色橙黄明亮，滋味淳厚回甘。

图 2-13 云南下关沱茶

红茶紧压茶的主要品种有湖北米砖【图2-14】、小京砖等。米砖也称红砖茶，产于湖北赤壁，以红茶片末为原料，经筛分、拼料、压制、退砖、检砖、干燥、包装而成。砖形平整，表面光滑，色泽乌润，香味醇和，汤色深红，叶底均匀色暗红。

乌龙茶紧压茶的主要品种有福建的水仙饼茶等。水仙饼茶产于福建漳平。采用闽北水仙为原料，经加捏团工序，木模压制成型，最后烘干。

图 2-14 湖北米砖（林敏提供）

图 2-15 黑茶紧压茶

造型四方扁平，色泽褐润，汤色深褐，香味清醇，叶点黄亮带红边。

黑茶紧压茶【图 2-15】的品种最为丰富，也是边销茶的主角，主要品种有湖南的黑砖、茯砖、湘尖，湖北的老青砖，四川的康砖、金尖、方包、圆包茶，云南的紧茶、圆茶、饼茶，广西的六堡茶等。湖南安化的黑砖茶以黑毛茶为原料，经筛分、半成品拼配、蒸汽沤堆、压制定型、干燥、包装而成。砖片形，砖面平整，花纹图案清晰，棱角分明，厚薄一致，色泽黑褐，无霉菌，香气纯正，或带松烟香，汤色橙黄，滋味醇和。

第四节 茶的成分功效

茶叶是健康饮料，而健康是人类永恒的追求，也是人类饮茶的内在动力。随着茶叶化学成分及其功能研究的深入开展，其成果也左右着具体茶类的消费。

茶叶中存在的化学成分种类繁多，对人体具有明显保健作用。这些成分可以分为有机和无机两类。有机成分有茶多酚、维生素、氨基酸、色素、茶多糖、咖啡碱等，无机成分有氟、锌、硒、锰等矿质元素。

一 有机成分

茶多酚是茶叶中主要的化学成分之一，含量高，分布广，变化大，对于茶叶品质具有显著影响，其中儿茶素占总量的70%。茶多酚是茶叶药效的主要组成成分，具有防止血管硬化、防止动脉粥样硬化、降血脂、消炎杀菌、防辐射、抗癌、抗突变等功效，因此促成了茶多酚提取物产品的生产，或者作为添加剂使用，或者制成片剂等直接服用。

茶叶中含有丰富的维生素，其中有水溶性维生素和脂溶性维生素两大类。水溶性维生素包括维生素 B 族和维生素 C。尼克酸约占 B 族维生素的一半，含量最高，可以预防癞皮病等皮肤病。维生素 B_1 能维持神经、心脏和消化系统的正常功能，茶叶中的含量也很高。维生素 B_2 可以增进皮肤弹性，维持视网膜的正常功能。维生素 C 能防治坏血病，增加机体的抵抗力，促进伤口愈合，尤其在绿茶中含量很高。维生素 E 是一种抗氧化剂，但是由于它是脂溶性维生素，通过开水沏茶的方式很难被浸泡出来，所以人体无法吸收。

茶叶中有 26 种氨基酸，其中茶氨酸含量最高，占总量的 50% 以上。茶氨酸是茶叶特有的氨基酸，其水溶液主要表现为鲜味、甜味，可以抑制茶汤的苦涩味。茶氨酸具有促进大脑活动、神经生长的功能，预防帕金森病、老年痴呆症以及传导性神经功能紊乱等疾病，增加肠道有益菌群，减少血浆胆固醇，降压安神，抗氧化。

茶多糖是茶叶中的一种生理活性物质，类似灵芝多糖和人参多糖的高分子化合物。茶多糖可以降血压，降血脂，防治糖尿病，在抗凝、防血栓形成、保护血象和增强人体非特异免疫力等方面具有显著效果。

咖啡碱是茶叶中一种含量很高的生物碱，一杯150毫升的茶汤中大约含有40毫克咖啡碱。咖啡碱是一种中枢神经的兴奋剂，因此具有提神的作用。在红茶汤中，咖啡碱可以与茶黄素、茶红素等形成茶乳凝复合物，产生“冷后浑”，同时也可以与茶汤中的绿原酸形成复合物，从而改善茶汤的粗涩味，提高鲜爽度。

二　矿物质元素

茶叶中含有多种矿物质元素，大多数对人体都是有益的。茶叶中氟的含量特别高，氟对于预防龋齿和老年骨质疏松有明显效果。

人体矿物质中有5%由钾组成，它能帮助细胞正常生长，刺激神经冲动，引起肌肉收缩，使体内保持适当碱性，有助于皮肤健康。在新陈代谢中，钾有助于葡萄糖转化成肝糖，使葡萄糖得以在肝脏保存。缺钾会引起神经方面的障碍，而茶叶中钾的含量很高，饮茶是较好的钾的补充方式。

微量元素硒是人体细胞谷胱甘肽过氧化物酶的辅基，人体缺硒会出现蛋白质及能量缺乏性营养不良，溶血性贫血、克山病、高血压、酒精性肝硬化、囊肿性纤维症、不妊症等疾病。硒被茶树吸收转变为有机硒蛋白，具有很好的抗氧化性能，还能调节维生素代谢，与维生素 E 协同保护组织，免受过氧化物的损害。紫阳茶的硒含量特别高，因为产地大巴山区的土壤富含硒，同样的原因，四川万源和湖北恩施也是高硒茶区。

三　保健功能

茶叶内含成分丰富，作用复杂，饮茶功能的实现不仅是茶叶的各种成分相互作用的结果，甚至还是饮用者身体状况与茶叶相互作用的结果，单一成分及其功效仅仅是理论上的理解与功能上的可能性。虽然说茶叶有其共同性，但是具体看某一类、某一种茶叶的话，其中的差异还是很大。有学者以屯溪绿茶、白毫银针、蒙顶黄芽、武夷岩茶、普洱茶和祁门红茶作为绿茶、白茶、黄茶、青茶、黑茶和红茶的代表，测定茶叶中主要化合物的含量与组成。

表 2–1　茶叶中主要化合物的含量

	绿 茶	白 茶	黄 茶	青 茶	黑茶	红 茶
水浸出物	44.62	41.37	41.69	41.36	20.3	43.49
茶多酚	19.22	18.49	18.97	14.87	6.07	10.36
咖啡碱	3.07	3.92	3.87	2.53	3.80	3.48
可溶性糖	3.97	2.84	2.57	2.99	3.39	2.31
氨基酸	2.78	4.95	2.64	1.12	0.18	2.36
茶黄素	0.16	0.19	0.10	0.20	0.11	0.90
茶红素	8.77	10.80	7.58	10.10	8.27	14.45

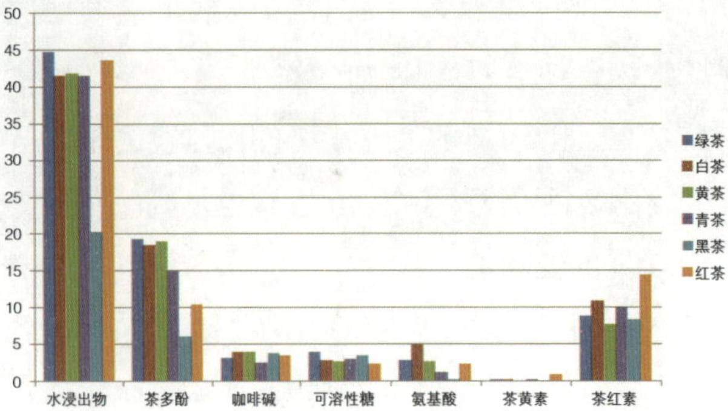

从表中可以看出，绿茶、红茶的水浸出物最多，黄茶、白茶、青茶可以视为下一个档次，而黑茶最少。理论上说，水浸出物含量越高质量越好，由此可以得出绿茶较黑茶优越的结论，而事实上黑茶降血脂、降血糖、降血压的效果要超过绿茶。因此准确地说，各种茶叶自有其优势。因为原料的差别，绿茶、红茶的水浸出物含量高，而粗老的黑茶本来可溶性物质就少，渥堆工序又消耗了一部分水溶性化合物。因为同样的原因，黑茶中氨基酸的含量也比较低。相比之下，白毫银针嫩度高，而茶树中的游离氨基酸就集中在幼嫩的芽叶里，所以白茶的氨基酸含量高，再加上萎凋过程中鲜叶里的蛋白质又发生水解作用，进一步增加了氨基酸含量。绿茶和黑茶中的可溶性糖含量较高，而红茶含糖量低，原因是发酵过程中单糖和双糖与氨基酸作用转化为芳香物质。茶黄素和茶红素是茶多酚的氧化物。绿茶、黄茶、黑茶因为杀青工序高温抑制酶的活性，所以茶黄素和茶红素较低。而白茶、青茶、红茶的萎凋则加速酶促氧化作用，因此含量相对高。

饮茶是一种嗜好性行为，味觉审美千差万别，古人有“食无定味，适口者珍”的至理名言。而且饮茶还有精神审美的要素，一个人的精神状态远比口味复杂多变，而丰富的茶叶品种为茶叶消费提供了最大的选择余地。面对上千种茶叶做彻底的研究是一个耗费时日的浩大工程，目前只能从六大茶类出发审视其保健功能。

绿茶有良好的抗菌作用，抗病毒活性，消炎、抗癌作用，防治心血管和口腔疾病，预防老年痴呆症的发生。黄茶对防治食管癌有明显功效，黄茶鲜叶中的天然物质保留达到 85% 以上，超过其他茶类，这些物质对于防癌、抗癌、杀菌、消炎等均有特殊效果。黑茶助消化、降脂、减肥、软化人体血管、预防心血管疾病、降血压、降血糖、改善糖类代谢和防治糖尿病等功效都得到研究证实。白茶的功效研究很少，主要作为抗菌食物对抗葡萄球菌和链球菌感染，肺炎和龋齿的细菌、青霉菌和酵母菌。乌龙茶对蛋白质和脂肪有较好的分解能力，从而达到降脂减肥的作用；通过提高皮肤角质层的保水能力，起到美容的作用；降低血压，减少中性脂肪及胆固醇的作用；抗突变、抗肿瘤、抗癌的作用。红茶可以预防心血管疾病、帕金森病、癌症和肠胃、口腔疾病，降脂，有利于骨骼健康，辅助治疗糖尿病，等等。

饮茶的功效是从正面的研究总结，对于健康的人来说确实如此。但是负面的审视角度同时存在，主要是对于有病患的人群。肝功能严重损坏的患者不宜饮茶，因为咖啡因等要经过肝脏吸收、分解，饮茶将加重肝脏负担。甲状腺功能亢进患者不宜饮茶，咖啡因会推波助澜，增强兴奋性。泌尿系统结石患者不宜饮茶，茶叶中的草酸盐会导致结石增生。消化道溃疡患者不宜饮茶，咖啡因是致病因素。慢性胃炎、缺铁性贫血患者和服用抗生素的人不宜饮茶，茶中的化学成分会与药物发生反应，影响治疗。

第三章 茶 器

茶器是饮茶的必要条件，但是人们对于茶器的关注远远超过饮茶工具的范畴。早在中国茶文化形成之初，在四川地区民众中饮茶习俗已蔚然成风，而饮茶器具却舍近求远，挑选了浙江的茶碗。

饮茶综合众美而成为美的生活标志。但是，瓷器并不是最高贵的器皿，包括瓢的使用，则意在强调自然、朴素，有着更加深层的思考与目的，茶器成为饮茶生活意识形态的物化体现。对于茶器的高度重视也成为茶文化的传统，不仅为中国茶人继承，也为世界饮茶人普遍接受。

第一节　自然陶匏

早已成为江南文化要素的茶文化在魏晋南北朝被传统中国文化的核心区域中原所接受，标志着中国茶文化的形成。尽管专用的成套茶具尚未最终定型，但是饮茶的独特的审美已经出现，开始了对适合饮茶的器具的独特追求，无论是作为风流的物质载体，还是作为俭约精神的形式体现，茶具都被充分利用。两晋之交的杜育在现存最早的赋体茶文学作品《荈赋》里全面描写、颂赞了西晋的茶文化，从现存残缺不全的十四句中仍然可以管窥其丰富的内容。关于茶器的描述保存下来两句，即“器泽陶简，出自东隅。酌之以匏，取式《公刘》”（《艺文类聚》卷十九）。选择茶器时挑选了陶瓷器皿，它们出产于东方。舀取茶水则用瓢，其格式取自《公刘》。尽管金银本身就是财富，而且在文化认识上道教服食也以金银为贵，金银器皿在上层社会非常流行，但是杜育却选择了陶瓷和葫芦等日常饮食器皿【图 3-1】。

《荈赋》以四川为地域背景，对于茶具却不辞遥远，选择了长江下游的越窑瓷器。越窑是中国瓷器的摇篮，在遍布南北各地众多的瓷窑中，只有越窑从陶器经过原始青瓷的阶段发展为瓷器。越窑青瓷的生产兴于魏晋，盛于唐代。晋唐时代的青瓷代表着中国瓷器的最高成就，产量也最大，因此影响力也最大，以至于陆羽把越窑青瓷作为茶碗的首选。

此外还有更加深层的原因，源自泥土的瓷器和植物果实的加工产品瓢等是自然、俭朴的象征。这种价值观在汉代就已经形成，汉代的班固就把“器用陶匏”作为昭示节俭朴素手段。“取式《公刘》”一语道破茶文化在短期之内从内容到形式

图 3-1 各种瓢

全面具备的天机，即全面充分吸收、消化了酒宴的文化。《公刘》是周人史诗之一，收录在儒家经典十三经之一的《诗经》中，歌颂其祖先公刘率领周人从现在的陕西武功迁徙到旬邑一带定居，在庆贺迁徙成功的宴会中使用瓢来舀取酒。汉代郑玄解释使用匏来酌酒的含义是“节俭而且质朴”，因为“匏是自然之物”。古代使用陶器和瓢为祭器，郑玄认为其原因是崇尚礼仪，唐代孔颖达进一步解释说：“陈放祭祀供品时除了木质的桌案，其他仅使用陶器和瓢，这是重视上古把自然作为礼仪准则。陶器是没有任何装饰的东西，瓢不是人类加工制造的东西，都是造化所为的自然之物。”茶器是表现茶的俭朴精神的途径之一。

由此可见，基于更加深层的价值观，杜育的审美观是对于传统文化的继承，只是这个继承是创造性的继承，是从饮茶的崭新角度的继承。纵观茶文化史可以发现，这个审美观被传承至今。

第二节　二十四器

伴随着制茶技术水平的提高，唐代茶叶的色、香、味都有很大的提升，不仅名茶辈出，而且饮茶的程式经过探索而定型，成套茶具是饮茶程式化的物质保证，包括：

① 烧水煮茶的工具——风炉

② 装炭的筐——筥

③ 将炭打碎的工具——炭挝

④ 夹炭的筷子——火筴

⑤ 烧水锅——釜

⑥ 釜的支架——交床

⑦ 夹饼茶炙烤的筷子——夹

⑧ 存放烤炙后准备粉碎的饼茶的袋子——纸囊

⑨ 将饼茶碾磨成粉末的器具——碾

⑩ 筛选合适末茶的筛子和存放这些末茶的

茶盒——罗盒

⑪ 舀取茶末的工具——则

⑫ 盛放清水的器皿——水方

⑬ 过滤清水的工具——漉水囊

⑭ 分酌茶汤的勺子——瓢

⑮ 搅拌茶汤的筷子——竹筴

⑯ 盛方盐的器皿——鹾簋

⑰ 存放开水的器皿——熟盂

⑱ 喝茶的器皿——碗

⑲ 收存茶碗的容器——畚

⑳ 洗涤用具——札

㉑ 存储废水的容器——涤方

㉒ 盛放渣滓的容器——滓方

㉓ 擦拭器皿的抹布——巾

㉔ 陈列茶器的柜架——具列

陆羽制定的“茶具二十四事”成为唐代的“标准”茶具，为喜爱饮茶的人所必备，尤其城市之中，王公贵族缺少其中的一件便无法饮茶。陆羽在制定由二十四种道具组成的茶具的同时，对它们进行了大刀阔斧的削减，以适应隐士野外饮茶的需要。这种简化的意义不亚于完整的茶具二十四事，因为隐逸是唐代茶文化的基本属性。茶圣陆羽、亚圣卢仝都是隐士。

我们今天能够看到的最精致高贵的成套唐代茶具实物出土于法门寺地宫。这套茶具是唐懿

图 3-2 茶槽子、碾子

图 3-3 茶罗

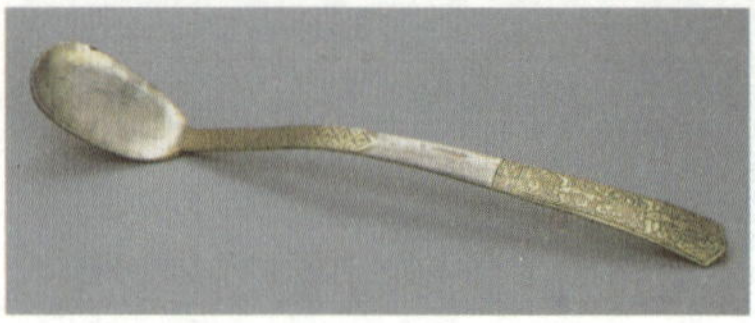

图 3-4 匙子

图 3-5 龟

图 3-6 盐台

图 3-7 结条笼子

图 3-8 琉璃茶碗、托子

宗（859—873 年在位）为供奉佛舍利而赐给法门寺（当时称重真寺）的，包括：

① 茶槽子、碾子【图 3–2】——碾磨饼茶的工具

② 茶罗【图 3–3】——筛取茶叶粉末的筛子

③ 匙子【图 3–4】——盛取茶叶粉末的工具

④ 笼子——收放茶具的工具

⑤ 龟【图 3–5】——存放茶叶粉末的盒子

⑥ 盐台【图 3–6】——盛放盐的器皿

⑦ 结条笼子【图 3–7】——存放饼茶

⑧ 琉璃茶碗、托子【图 3–8】——玻璃茶碗、茶托

台湾自然科学博物馆也收藏了一套断代为唐代的石质明器茶具【图 3–9】，包括：

① 茶碾

② 冲钵，《茶具图赞》中的“木待制”，捣碎饼茶

图 3-9 唐代石质明器茶具

③ 两组茶碗托

④ 注瓶

⑤ 横柄茶瓶

⑥ 盘子

⑦ 风炉

⑧ 茶釜

⑨ 具列

由于没有明确的考古学依据，定为唐代茶具非常牵强。虽然这套茶具用于饼茶没有异议，但属于典型的宋代点茶法茶具，因为加热用具不是陆羽使用的釜，而是蔡襄等使用的瓶。

在陆羽制定的“茶具二十四事”里，集中全面地体现了陆羽世界观、文化观的茶具是风炉，相对大的形制为容纳这些内容提供了空间，而表现方式是直接的文字符号。古朴的鼎形风炉的三足上，其一刻“坎上巽下离于中”，八卦中坎象水，巽象风，离象火，于是风炉上为水，中为火，下面是木炭燃料；其二刻“体均五行去百疾”，通过饮茶，阴阳五行在身体里调和，于是保证身体健康；其三刻“盛唐灭胡明年铸”，763 年安禄山、史思明的叛乱被平定，意味着这个风炉铸造于 764 年，原本单纯客观的广德二年的纪年采用了非常感性的表述方式，强烈的国家民族意识跃然纸上。八卦与相应的动植物图像在表明陆羽对于煎茶更加深层的哲学思考的同时，也有装饰的效果。而三窗之上“伊公羹陆氏茶”的铭文则是陆羽对于自己努力推广提升的饮茶的定位。商代名相伊尹用烹制羹汤的方法向商汤阐述治国理论，陆羽认为他的茶也具有堪与伊尹的羹相比的意义。

陆羽的审美观主要反映在茶碗上，他在《茶经·四之器》中从饮茶的角度比较了全国的瓷器茶碗，结论是“越窑上”，理由是如玉的质感，如冰的纯度，再加上对于茶汤的映衬。无独有偶，陆羽首选的越窑青瓷也出现在法门寺地宫中，在唐懿宗所赐供奉物品中有三种秘色瓷器，在地宫供养物品目录单《监送真身使随真身供养道具及恩赐金银宝器衣物账》中记载了瓷秘色碗、瓷秘色盘子、瓷秘色碟子，与地宫出土文物对照之后，确认了越窑青瓷【图 3-10】就是所谓秘色瓷器，结束了一千多年以来关于“秘色”含义的争议。

由于历史上没有关于秘色的明确定义，唐、五代对于秘色瓷的描述既美轮美奂又抽象感性，

图 3-10 越窑青瓷盘

现实中不仅皇室御用，也是海外贸易的重要商品，于是对于秘色的解释越来越玄，众说纷纭。其实秘色就是碧色，秘色瓷就是青瓷，越窑是青瓷的发祥地和最主要的窑址。关于青瓷在中国瓷器史上率先发展的原因，有研究表明人类的视觉器官在漫长的进化过程中，适应了以青绿色为主的环境色彩，所以对青绿色最为敏感，而青瓷釉色的分光反射率的平均峰值正好与人眼对色光的敏感光谱相同。

世界上很多民族都有独自的陶器文化，唯独瓷器起源于中国，因为只有中国在早年就具备了从原料到技术的复杂的条件。中国的陶器制作分布很广，但是唯有浙江东北部经历了从陶器到原始瓷器再到瓷器的发展道路，在宁绍地区形成了瓷窑体系，并且成为中国古代历史最悠久、影响最广泛的窑系。越窑形成于汉代，自东汉在上虞发明了成熟瓷器加工技术，经历了三国两晋的鼎盛期和晚唐五代的全盛期，到北宋中期衰落。越窑历史上主要生产青瓷，每个时代的装饰手法各有特色，汉代主要是拍印的几何纹，其次是范印的杉叶纹，还有印贴的铺首、刻画的弦纹和水波纹等；三国两晋时期以压印的网格带纹、戳印的连珠纹为主；南北朝时期以褐色点彩和刻画莲瓣纹为主；唐宋盛行刻画花；后世青瓷生产中心转移到了龙泉。

第三节 建盏印衬

如果说越窑青瓷是唐代最具代表性的茶具的话，建窑黑盏就是宋代茶具的代表。其实黑瓷的生产历史非常悠久，商周时期就已经有原始黑瓷。东汉时，越窑青瓷的核心窑——上虞窑也烧制黑瓷，施釉厚而均匀，釉色有黑、褐等多种。宋代发展到了顶峰，烧制黑瓷的窑有很多，如定窑黑瓷胎骨洁白，釉色乌黑光亮；吉州窑的玳瑁斑、木叶纹、剪纸贴花黑瓷以及河南、山西的黑瓷也都各有特色。北宋蔡襄描述茶盏说：茶色白，适宜黑盏。建安所制造的茶碗天青发黑，纹路如兔毫，碗体稍厚，加温热过之后不容易冷却，最为重视使用。其他地方的茶盏或太薄，或颜色发紫，都不如黑瓷。其他青白茶盏斗茶时不使用。建窑烧制的兔毫盏【图 3-11】，是宋代最流行的黑釉茶盏，主要在 10 世纪后期到 13 世纪的有宋

图 3-11 兔毫盏

一代生产、使用。黑釉茶盏底不施釉，胎厚并含铁量高达 10%，故呈黑色。因为含铁量高、烧制时保温时间长，釉中析出大量氧化铁结晶，形成各种花纹。兔毫纹是釉面条状结晶，有黄白两色，称金银兔毫。而白色斑点状结晶被称为鹧鸪斑。现在建窑遗址中仍存有底部刻有“供御”“进盏”等字样的黑釉茶盏残片，证明了贡瓷生产状况，宋徽宗赵佶的《大观茶论》中也有相关记载。但至今为止没有发现留有这些字样的黑釉茶盏，而且被如此高度重视的茶碗在国内居然没有精品遗存，流传至今的优秀作品都在日本【图 3-12】。

图 3-12 来自中国的日本国宝曜变天目与天目台

原因也很简单，元代末茶的饮用已经衰落，而日本却在南宋末再次引进中国茶文化，并逐渐扎根发展，于是建窑黑盏在中国失宠，而在日本却有了新的发展空间，于是纷纷流向日本，新安沉船印证了这个推论。

1976 年，沉没于 1323 年的货船在韩国新安海域被发现。当时这艘船正从中国驶向日本。船上装载了两万多件货物，其中包括青瓷器皿 9842 件，白瓷器皿 4926 件，建窑黑釉瓷器 568 件，陶器 1989 件。建窑黑釉瓷器中的约 50 件有使用过的痕迹，并且有两只建窑黑盏还特别放在木盒里，似乎特别珍贵，而此时建窑已经停止生产，意味着这些商品是收集来的古董。一艘船上就有数量如此可观的茶碗，而每年有多少条商船来往于中日之间，又在多少岁月里进行着这样的贸易。

从结论来看,就是建窑茶碗的传世精品都在日本,成为日本的国宝。日本将建盏称之为天目茶碗,因为早期的建盏是日本僧人从天目山麓的寺院带回日本的。这些建盏被分为曜变天目、油滴天目,在中国则称为兔毫盏、灰被天目、黄天目、黑釉金彩天目、玳皮盏、木叶天目等种类。建盏美妙绝伦的花纹图案具有很大的偶然性,在各种瓷器的复原生产中,建盏始终难以模仿再现。

虽说建盏是宋代标志性茶具,但是整套茶具应该与陆羽的"茶具二十四事"大致相同,因为茶叶一样,只是具体的煎茶方法发生了变化,出现了局部的茶具调整。要了解宋代茶具的概况,审安老人所著《茶具图赞》是首选,它是一部茶具专著,图文并茂。审安老人以质地为姓,借职官名称为十二件茶具命名,并按图配上赞语,表彰其作用,是一部游戏之作。"茶具十二先生姓名字号"分别是:

① 韦鸿胪,文鼎,景旸,四窗闲叟——芦苇等编制的茶焙

② 木待制,利济,忘机,隔竹居人——木质冲钵

③ 金法曹,研古,元锴,雍之旧民;铄古,仲鉴,和琴先生——铜质茶碾

④ 石转运,凿齿,遄行,香屋隐居——石制茶磨

⑤ 胡员外【图 3–13】，唯一，宗许，贮月仙翁——瓢

⑥ 罗枢密，若药，傅师，思隐寮长——筛罗

⑦ 宗从事，子弗，不遗，扫云溪友——棕质扫帚

⑧ 漆雕秘阁【图 3–14】，承之，易持，古台老人——漆器雕木茶托

⑨ 陶宝文，去越，自厚，兔园上客——建盏

⑩ 汤提点【图 3–15】，发新，一鸣，温谷遗老——汤瓶

⑪ 竺副帅，善调，希点，雪涛公子——茶筅

⑫ 司职方，成式，如素，洁斋居士——茶巾

美中不足的是尽管宋代很多茶书都涉及茶具，甚至还有茶具专著，但是缺乏像陆羽《茶经·四之器》那样系统、详细的记述，最完整的描绘宋代茶具的种类与使用状况的是绘画作品，

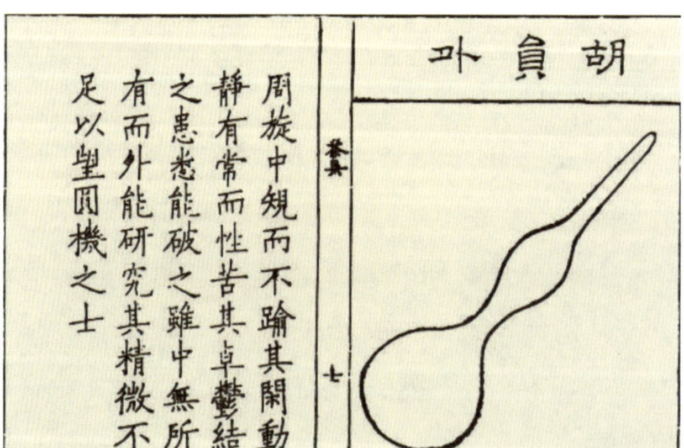

图 3–13 胡员外

图 3-14 漆雕秘阁

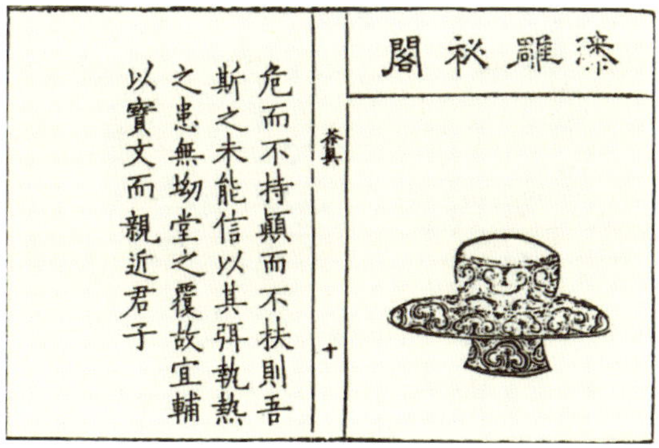

漆雕秘閣

危而不持顛而不扶則吾斯之未能信以其弭執熱之患無坳堂之覆故宜輔以寶文而親近君子

茶具 十

图 3-15 汤提点

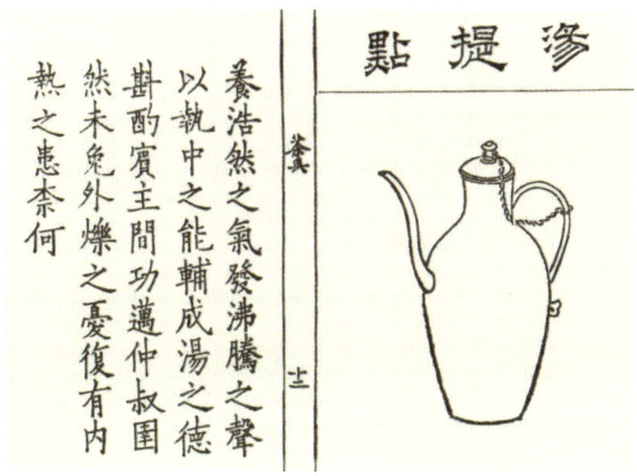

湯提點

養浩然之氣發沸騰之聲以執中之能輔成湯之德斟酌賓主間功邁仲叔圉然未免外爍之憂復有內熱之患柰何

茶具 十二

图 3-16 十八学士图

下面就以《十八学士图》【图 3-16】中准备茶酒

的场景为对象考察宋代茶具。

在中国画史上，“十八学士”是一个热门主题。李世民延揽四方文学之士以本官兼文学馆学士，号十八学士，并命阎立本绘《十八学士图》。之后历代多有临摹，宋徽宗赵佶临摹的《十八学士图》现藏台北故宫博物院。宴饮之外，还描绘了准备茶酒的场面。准备茶酒的画面由五人组成，除了一人在休息外，其余四人可以分成左面两人点茶、右面两人备酒的两组。图中所描绘的点茶画面是茶汤业已搅拌完毕，右面的侍童正在往茶盏里分盛茶汤的瞬间。黑漆框架、白色桌面的方桌上放着点茶的钵盂和勺子、搭配好和摞起来的茶盏和盏托，桌子的左面从前至后是放茶具的都篮，鼎形水缸，矮桌上放着承载在盘子上的水桶，方形火炉上坐着两把执壶。

茶碗：图中所绘是黑盏系列的兔毫盏。宋代茶书所记载的茶叶都是建茶，所推重的茶碗也是建窑的兔毫盏，除了反映审美观之外，还有像蔡襄等所强调的建茶配建盏的意蕴。然而各色茶碗仍然使用于包括建茶乃至斗茶在内的各种茶的饮用中。

盏托：盏、托配套使用是饮茶的一般规范，图中的黑褐色茶托，当是漆器。唐宋茶托的质地、形制丰富多彩，《茶具图赞》所收录的茶托名为“漆雕秘阁”，强调使用的是漆雕工艺。各色漆

图 3-17 盏托

器茶托的考古发现不一而足，如江苏宜兴和桥宋墓出土的褐漆茶托，在湖北武汉十里铺北宋墓出土的花瓣盘口漆茶托【图 3-17】等。而绘画作品所表现的盏与托绝大多数都是不同质地之间的搭配，这幅《文会图》也不例外。

钵盂：右侧的侍童正在从钵盂往茶盏里分盛茶汤，这种钵盂只出现在分茶里，是点茶用具，因此是分茶的标志性茶具。

长柄勺：侍童使用一把长勺分舀茶汤，长勺也是分茶的标志性器具。《茶具图赞》收录了瓢，并称为“胡员外”。

汤瓶：火炉上坐着两把陶瓷汤瓶，文物考古界所说的执壶在茶界被称为瓶或汤瓶【图 3-18】、茶瓶、茗瓶等，也就是《茶具图赞》所绘制的“汤提点”。

风炉：尽管在陆羽设计、选择的各种茶器中，

图 3-18 汤瓶

风炉的文化意蕴最为丰富，但是宋代茶书却没有加热工具的记载，只是频繁出现在诗词和图像资料里。

都篮：在分茶部分左侧的最前面是一个小橱柜，因为隐约透出框架，所以应该是纸封黑漆竹木构架。从半扇敞开的橱门确实可以看到叠放的茶盏和盏托。

水方与提梁水瓶：炉与都篮之间的鼎形容器当为储水器，虽然形制不同，其功用相当于《茶经》里的“水方”。左端矮桌之上放着一个盘子，盘上坐着一个提梁水瓶，靠近水方，估计是汲泉所用。

涤方与木桶：桌前放在地上的容器所贮水当为洗涤茶器的水，与水方一样，虽然形制不同，其功用相当于《茶经》里的“涤方”。桌下还有一个打水用的木桶，从放置地上，靠近涤方来推测，当是汲取洗涤用水的工具。

由于宋代茶叶种类丰富，饮茶方式也多种多样，地域文化高度发展形成了差异性，导致宋代的茶具种类更加丰富多彩。随着中国放弃了末茶的饮用，这些茶具很难被明清乃至现代的中国茶人直接继承。不过，值得庆幸的是日本仍在饮用抹茶，虽然在日本化的过程中从形式到内容都发生了很大的变化，但是宋代茶文化的光辉不时从日本茶道中闪耀出夺目的光彩，似乎在叙述着它们的文化关系。绝大多数唐宋茶具都可以从日本茶道器具中找到踪影，反过来说日本茶道也为再现中国唐宋饮茶文化提供了文化基因。

第四节　宜兴紫砂

饮茶是文房清赏，无论是技术需求，还是审美需要，茶具都不可或缺，或者说是最基本的标志。明代因为茶叶的变化，饮茶方式也随之改变，首先受到影响的就是茶具。明代人对于茶具有两项标志性的追求，一是紫砂壶，另一个是竹炉。紫砂壶的必要性、合理性至今仍然存在，对于它的审美认识也没有发生变化，因此仍然得到茶人的广泛爱惜和收藏。

茶具首先为饮茶服务，茶叶不同、饮用方法不同，茶具就会随之变化。唐团宋饼在明代退出了中国人的饮食世界，到明代中叶，瀹饮法已经相当成熟，整合出一整套茶具，高濂在《遵生八笺》中名之为“茶具十六器”：

① 商象——古石鼎也，用以煎茶。

② 归洁——竹筅帚也，用以涤壶。

③ 分盈——杓也，用以量水斤两。

④ 递火——铜火斗也，用以搬火。

⑤ 降红——铜火箸也，用以簇火。

⑥ 执权——准茶秤也，每杓水二斤，用茶一两。

⑦ 团风——素竹扇也，用以发火。

⑧ 漉尘——茶洗也，用以洗茶。

⑨ 静沸——竹架，即《茶经》支釜也。

⑩ 注春——瓷瓦壶也，用以注茶。

⑪ 运锋——劖果刀也，用以切果。

⑫ 甘钝——木砧墩也。

⑬ 啜香——瓷瓦瓯也，用以啜茶。

⑭ 撩云——竹茶匙也，用以取果。

⑮ 纳敬——竹茶橐也，用以放盏。

⑯ 受污——拭抹布也，用以洁瓯。

此外还有“总贮茶器七具”：

⑰ 苦节君——煮茶作炉也，用以煎茶【图 3-19】，更有行者收藏。

⑱ 建城——以箬为笼，封茶以贮高阁。

⑲ 云屯——瓷瓶，用以杓泉，以供煮也。

⑳ 乌府——以竹为篮，用以盛炭，为煎茶之资。

㉑ 水曹——即瓷缸瓦缶，用以贮泉，以供火鼎。

㉒ 器局——竹编方箱，用以收茶具者。

图 3–19 丁云鹏《煮茶图》

㉓ 外有品司——竹编圆形提盒，用以收贮各品茶叶，以待烹品者也。

在这些瀹茶茶具中最具标志性的是注春——紫砂茶壶。适合新兴芽茶的沏泡需要，紫砂壶取代越窑青瓷、建窑黑盏，成为明清乃至今天的饮茶的标志性茶具。

紫砂茶壶的制作早在北宋就已经开始，主

要是一些比较粗糙的汤瓶、水壶，在紫砂壶的发展史上处于草创时期。清代李斗在《扬州画舫录》里总结茶壶的起源时说："茶壶始于碧山冶金，吕爱冶银。"说明早期的茶壶仍然崇尚金银制品，这与茶壶从宋代汤瓶发展而来，继承了宋代对于汤瓶以金银为贵的审美观有关。到了明代正德年间（1506—1521），紫砂壶【图3-20】的发展出现了转机，金沙寺僧和供春这两位对紫砂有着深切理解的制壶人的出色创作将紫砂的可能性变成了现实并向世人做了成功的展示。之后出现了董翰、赵梁、元畅、时鹏"四大家"，制作工艺日趋成熟。这个时期紫砂壶的风格是气度浑厚，协调稳重，朴实无华，仅以筋纹线的变化和开光度的差异作为装饰，简洁流畅，与明代家具的风格非常一致。

图 3-20 供春树瘿壶

明万历年间（1573—1619），许次纾仍然主张“首银次锡”，指出：“往时龚春茶壶，近日时（大）彬所制，大为时人宝惜。”虽然龚春、时大彬的宜兴紫砂壶得到世人的青睐，不过相比之下，“较之锡器，尚减三分”（《茶疏》）。然而同时代的罗廪却与许次纾持相反的观点，认为：“以时大彬手制粗缸色者为妙，其次是锡。”（《茶解》）把紫砂与金属的品质排序颠倒过来。到了明末，两者的关系有了根本的转变，文震亨在《长物志》里主张“壶以砂者为上，盖既不夺香，又无熟汤气”，而“金银具不入品”。不是以名家名壶论优劣，而是从质地上承认紫砂茶壶的优势，而金银茶具已经不值一提，因此万历年间是紫砂壶发展史上重要的转折点。从万历年间到明末，紫砂壶的名家辈出，以时大彬、徐友泉为代表，壶式千姿百态，仍然特别重视筋纹器的制作，但是形制趋于小型化，这是饮茶方式变迁的结果。文人雅士的直接参与成为突出特征，大大提升了紫砂壶的文化品位。

清代紫砂壶从造型到加工技术都有充分的发展，在康熙、雍正、乾隆年间（1662—1795）进入了全面发展的繁荣时期。就造型来说，简洁的圆器壶面为文人书画创作提供了空间，因而备受青睐，传统的几何圆形继续发展，方器也非常流行，更加复杂的仿生造型随着加工工艺的成熟而达到前所未有的高度。相应的壶体装饰从传统的镌刻铭文，发展为泥绘、加彩、浮雕、堆泥、印贴簇花、粉彩、珐琅彩、炉均釉、绞泥、镂空、包漆、包锡、镶玉、磨光等工艺手法。陈鸣远的创作妍丽工巧，是代表性紫砂艺人，把紫砂壶的印款、铭文提高到了艺术创作的高度，除了以花货器为主的茶壶，还有各种文房雅玩，栩栩如生的仿生作品让人爱不释手。

嘉庆、道光年间（1796—1850）的紫砂壶创作以文人的深度参与为第一特征，较之明代有过之而无不及。文人深度参与带来了审美情趣的变化，一言以蔽之就是返璞归真，由前一个时期的妍丽工巧向典雅古朴回归。书法、绘画、篆刻成为主要装饰手段，于是没有图案、几何造型的光货成为紫砂壶的主要品种，增加了紫砂壶的书卷气、金石味。最杰出的代表是陈曼生，他在杨彭年等紫砂艺人的壶上展开再创作，由此形成曼生壶。曼生壶集造型、文学、书法、绘画、篆刻于一身，提升了紫砂壶的艺术价值和文化情趣。对于最基本的造型有“曼生十八式”：石铫、汲直、却月、横云、百衲、合欢、春胜、古春、饮虹、匏瓜、葫芦、天鸡、合斗、圆珠、乳鼎、镜瓦、棋奁、方壶。

鸦片战争之后，中国的民族资本家逐渐兴起，紫砂壶产地靠近中国最发达的商业城市上海，上海的企业与紫砂艺人建立起新型的商业关系，在商业需求的刺激下，生产制作了大量仿古造型的紫砂壶，以精致见称。并且从直接的仿制古壶，到从古代的瓦当、青铜器中寻找创作灵感，作品线条简练，大方典雅，具有古典美的特征。

中华人民共和国成立以后，紫砂工艺品的生产逐步恢复，现代化的生产管理方式使得生产规模迅速扩大，模型成型法、注浆法等加工工艺的开发，机械化、电气化的应用，适应了大众化的需求。20 世纪 80 年代以后，紫砂壶收藏的热情前所未有，小众化的要求再次主导主流消费趋势，紫砂资源的枯竭问题也推波助澜，于是紫砂工艺品价格高腾，人力、物力更多地投向了创作性的紫砂壶制作，出现了顾景舟、蒋蓉、徐秀棠、汪寅仙、吕尧臣、徐汉棠、谭泉海、李昌鸿、鲍志强、顾绍培、周桂珍十一位中国工艺美术大师，创作风格丰富多彩。

第四章　茶　艺

茶艺从煎瀹茶汤出发，整合茶叶、茶具、水火、环境诸要素，直接的目的是品饮一口让身心愉悦的茶水。通过茶艺首先实现茶叶作为奢侈饮料的价值，其次是在用技术经验、科学知识、美学理念整合各种物质要素的过程中实现生活审美，完成饮茶作为生活方式的文化使命，通过前两者的感官与精神的满足达到天人、主客之间的和谐圆满。

各个时代的茶叶不同，技术经验、价值观、审美观也不同，作为文化追求的表现方法也被不断开发、更新，作为时代文化的组成部分的茶文化必然在受到方方面面的激励的同时也受到形形色色的制约，表现出时代文化的共同性和充分体现其存在价值的独特性。

第一节 唐代煎茶

一 饼茶的加工

陆羽把唐代的茶叶分成饼茶、散茶、末茶和粗茶四种，实际上茶叶种类远不止于此，至少在陆羽生活的时代，宋代最具代表性的茶叶——蜡茶就已经在多处生产，并且得到高度重视，其中顾渚紫笋还作为贡品，成为清明宴上的标志性饮食。

《茶经》所记载的饼茶是对发展到盛唐的制茶技术的总结，之前的魏晋南北朝也在饮用同样性质的茶叶。在唐代种类繁多的茶叶中，饼茶被视为代表性茶叶。《茶经》将饼茶的加工工艺分成七道工序，所谓“晴，采之，蒸之，捣之，拍之，焙之，穿之，封之”。

制茶从采茶开始，与现代一样。唐代注重春茶的采摘，“凡采茶，在二月三月四月之间”。

采摘四五寸长、长势良好的茶叶嫩枝，放入蒸笼蒸汽杀青。蒸青期间，用三杈木枝将茶拨散摊开，使茶叶均匀受热，以免茶汁流溢。杀青之后，趁热将茶叶放进臼中用杵捣碎，同时也破坏了茶叶的细胞组织，茶汁被捣了出来，黏附在茶叶表面，使茶在煎煮时有效成分迅速而充分地溶解在热水中，这也是现代制茶中的“揉捻”工序的加工目标之一。捣后的茶已经在一定程度上呈糊状，于是倒入适当的模具中压制成各种形状，所谓“方圆随样拍”（陆龟蒙《奉和袭美茶具十咏·茶焙》）。成型后的饼茶摊开放在竹匾上，干燥到一定程度之后，再在饼茶上打个洞，用竹条穿起来，放入焙炉烘焙。烘焙好的饼茶再用竹篾穿起来，封存待用。需要强调的是，中国古代饼茶是绿茶，而现代的紧压茶多是黑茶，因此不能简单地将它们等同起来。无论是哪种茶叶，最终都要研磨成粉末饮用，所以从饮用前的茶叶相态看一直到宋元时代都在饮用末茶。

从陆羽的朋友们的诗中可以看出，陆羽经常外出寻找茶树的优良品种。皇甫曾有《送陆鸿渐山人采茶》诗，描述了因为陆羽长时间的频繁外出，不时让专程拜访他的朋友扑空的情景。或许因为交往密切，皎然有五言《寻陆鸿渐不遇》和杂言《往丹阳寻陆处士不遇》两首诗写不遇的心情。在《茶经》中有“二之具”“三之造”和“八之出”三篇专门阐述茶叶生产，陆羽建立起茶叶的评价机制，可以看出中国茶文化的出发点,这为茶业的发展打下了坚实的基础。

陆羽在《茶经》中为各地茶叶做了品级鉴定，可以说各地都有名茶，而贡献给朝廷的茶无疑又是名茶中的佼佼者，裴汶品评天下贡茶：“今宇内为土贡实众，而顾渚、蕲阳、蒙山为上，其次则寿阳、义兴、碧涧、灉湖、衡山，最下有鄱阳、浮梁。”（陆廷灿《续茶经》）其中顾渚紫笋茶就是陆羽推荐的。

767年李栖筠任常州刺史时，陆羽来到江苏。山里的僧人赠送给李栖筠茶叶，他请以茶闻名的隐士陆羽品尝鉴定，“野人陆羽以为芬香甘辣冠于他境，可荐于上。栖筠从之，始进万两。此其滥觞也”（《唐义兴县重修茶舍记》，赵明诚《金石录》）。常州与湖州是相邻的两个州，紫笋茶产地恰巧就在义兴（宜兴）和长城（长兴）这相邻的两个县，用现在的说法是一个茶区，于是长城县在顾渚设置茶贡院【图4-1】，每年春天雇用三万人，为期一个月，生产一万八千四百斤紫笋茶进贡朝廷，后来居上。（李吉甫《元和郡县志》）

紫笋茶堪称唐代最著名的茶叶品牌之一。李郢在《茶山贡焙歌》中完整地描述了紫笋茶。

图 4-1 大唐贡茶院一景

"春风三月贡茶时，尽逐红旌到山里"。每年三月开始贡茶的生产，即便从三月一日开始计算，到四月的清明节，再除去十日驿站递送的时间，用于茶叶生产的时间其实就是一个月。朝廷似乎也认识到时间的紧迫，所以不断发文书催促确认，"陵烟触露不停探，官家赤印连帖催"。目的是要赶上清明节。"半夜驱夫谁复见，十日王程路四千，到时须及清明宴"。"朝饥暮匐谁兴哀，喧阗竞纳不盈掬。一时一饷还成堆，蒸之馥之香胜梅"。因为贡茶采摘标准规格定得很高的缘故，一个人的茶叶采摘数量还不到一捧。加工过程也同样精致复杂。从形态上看，先把茶叶用蒸汽杀青，然后研磨成粉末，"研膏架动轰如雷"，再压制成型，这就是所谓的研膏茶。代表最高制茶技术水准的研膏茶成为春季最重要的时令活动清明宴上的标志性饮品，宣告了春天的到来。而清明宴的盛大也为紫笋茶提供了充分展示的平台，成为事实上最有效的广告宣传活动。不过品饮的欢快与生产的辛劳形成了鲜明的对比，寄托了对茶农的同情："使君是日忧思多，客亦无言征绮罗。殷勤绕焙复长叹，官府例成期如何。吴民吴民莫憔悴，使君作相期苏尔。"

其实在生产阶段就开始往紫笋茶里注入神秘浪漫的气氛。无论从朝廷的时令活动上看，还是从风流审美上看，紫笋茶都非常重要，于是新茶采摘时，与生产直接相关的常州与湖州两州刺史就举行专门的聚会，坠马受伤的白居易因为无法参加这个聚会而作《夜闻贾常州、崔湖州茶山境会，想羡欢宴，因寄此诗》，惋惜之情跃然纸上：

遥闻境会茶山夜，珠翠歌钟俱绕身。
盘下中分两州界，灯前合作一家春。
青娥递舞应争妙，紫笋齐尝各斗新。
自叹花时北窗下，蒲黄酒对病眠人。
（时马坠损腰，正劝蒲黄酒）

高质量的茶叶从本能的味觉审美的层面有力诱导着社会的茶叶消费，而茶叶内在的生化成分又为建立与酒形成鲜明对比的生活方式提供了物质基础，由此将饮食生活中的茶叶饮料升华为俭约、自制生活方式的物质符号。

陆羽把茶叶定位成“精行俭德”之人的饮品，也就是说饮茶成为行为、品德精诚、俭约的文化符号，与魏晋的茶文化精神一脉相承。陆羽通过制定“茶具二十四事”固定茶具组合，完成了饮茶的程式化，不仅为饮茶生活打下了坚实的基础，也成功打造了茶文化产品，成为实现文化符号意义的载体，在这个高度审美的载体的吸引下全社会之于饮茶更加趋之若鹜。因此陆羽在唐宋茶文化转型中起着承上启下的作用。

二　末茶的饮用

唐代有多种茶叶，无论哪种最终都是研磨成粉末饮用。生活千姿百态，个人的嗜好更是因人而异，口味偏爱直接影响着茶汤加工方法。在茶汤里加入葱、姜、茱萸、橘子皮等调味的做法在社会上非常普遍，成为传统的饮用方式。但是陆羽提倡不加各种辅料的清饮，使用的茶具就是陆羽制定的“茶具二十四事”。煎煮方法首先可以从唐代著名画家阎立本的《萧翼赚兰亭图》中看到。众所周知，唐太宗酷爱王羲之的书法，《兰亭集序》自然是终极追求。辨才收藏了王羲之的《兰亭集序》又拒绝献给唐太宗，于是宰相房玄龄推荐萧翼去说服辨才。萧翼认为无法劝说，便乔装改扮接近辨才，费尽心机骗取了辨才的信任。当辨才给他看比自己的生命都宝贵的王羲之《兰亭集序》时，萧翼却拿过字轴藏入衣袖。这幅画描绘的就是这个场景。然后，萧翼拿出唐太宗的诏书，把巧取豪夺合法化。失去了《兰亭集序》的辨才一病不起，而唐太宗厚葬辨才，抚慰亡灵，安慰自己。为了烘托气氛，阎立本选择了煎茶这个充满风流意蕴的生活细节，但是辨才无论如何也喝不下这碗茶，不过被阎立本定格的这碗茶形象地传达了贵重的唐代茶文化信息，成为现存唯一的唐代煎茶绘画史料。

绘画左下方描绘了两人煎茶。左面的仆人手持筷子，似乎在搅拌坐在风炉上的铫子里的茶汤。右面的童子手持茶托，茶托上坐着青瓷或白瓷茶碗，等待斟茶。童子前方的具列上放着同样的茶碗、茶托，还有盛放茶叶粉末的茶罐以及碾轮、纸囊。风炉中通红的火焰准确传达了煎煮茶汤的加工方法，一个碾轮暗示着饮用的是饼茶。

绘画只能描绘片断，而且对于阎立本来说煎茶的场面只是为了渲染氛围，反映了唐代对于饮茶的认识，没有必要逐一描绘所有茶具。对于唐代煎茶的完整认识还是要从陆羽“茶具二十四事”出发。煎茶时，首先用炭挝将筥中的石炭打成适当大小，火筴夹入风炉，生火。用漉水囊过滤后的清水放入釜中，从交床移至风炉上加热，另外在水方中也放入清水待用。用夹夹住饼茶烤炙，烤完后放入纸囊，用碾子将饼茶碾磨成粉末，用拂末将茶末扫入罗筛选细茶末，储入盒中。水开后从鹾簋中取适量盐加入水中调味；二沸时舀出一瓢水放入熟盂，用竹夹循环搅拌鍑中央，用则取适量茶末放入中央；当水再开，势若奔涛，水沫飞溅时，倒入熟盂中的水，煮茶完毕。用瓢将茶汤分别盛入茶碗，一升水分五碗，注意平均泡沫的数量，趁热饮用。碗数至少三个，最多五个，如果有十人，就增加风炉煮水。饮茶完毕，用札清洗茶器，废水倒入涤方，渣滓倒入滓方，用巾拭干茶器，茶碗收入畚。使用时，以具列排陈；使用后，用都篮收藏。

三 茶 会

作为社交润滑剂的茶的典型应用形式就是茶会，也称茶宴。中唐以后茶会与诗会的结合更加普遍，因此描绘茶会的诗篇大幅度增加，钱起《过长孙宅与朗上人茶会》、武元衡《津梁寺采新茶与幕中诸公遍赏芳香尤异因题四韵兼呈陆郎中》等便是例证。鲍君徽《东亭茶宴》云："闲朝向晓出帘栊，茗宴东亭四望通。……坐久此中无限兴，更怜团扇起清风。"李嘉祐《秋晓招隐寺东峰茶宴送内弟阎伯均归江州》云："万畦新稻傍山村，数里深松到寺门。幸有香茶留释子，不堪秋草送王孙。"刘长卿《惠福寺与陈留诸官茶会》云："香飘诸天外，日隐双林西。……能令归客意，不复还东溪。"钱起《过长孙宅与朗上人茶会》云："偶与息心侣，忘归才子家。玄谈兼藻思，绿茗代榴花。"诸诗都烘染出茶会的高雅风致。武元衡《资圣寺贲法师晚春茶会》对茶会寄予极高的评价，所谓"时节流芳暮，人天此会同"。茶宴、茶会的频繁举行充分说明饮茶活动已在唐朝造就了强大的文化氛围。

他们多半借茶会雅集谈玄论道，兴致颇浓，而在得意忘言之时亦可品尝一杯香气扑鼻的清茶，不禁产生"竹下忘言对紫茶，全胜羽客醉流霞"的美妙感受，因为"尘心洗尽兴难尽，一树蝉声片影斜"（钱起《与赵莒茶宴》）。

钱起是盛唐著名诗人。在竹林中，钱起与赵莒面对紫茶，相互之间默喻其意，任何语言都是多余的，其意境远远超过道士之于美酒。在蝉鸣声中，一抹夕阳射入林中，紫茶洗净了尘心，主客的雅兴却仍勃勃。这幽静的茶宴与笑语喧哗的一般宴会有着很大的区别。如果要在现代寻找这样枯、寂的茶事的话，可以在日本的茶会中轻而易举地觅到其踪迹。

钱起比陆羽年长，可见茶宴、茶会的形式早已有之。陆羽之后，饮茶习俗更加盛行，茶宴也更加频繁地举行，因此茶宴、茶会的记载从盛唐开始比较经常地出现在文献中。其中吕温《三月三日茶宴序》(《全唐文》卷六百二十八）中比较详细地描绘了一次茶宴的盛况：

> 三月三日，上巳禊饮之日也。诸子议以茶酌而代焉，乃拨花砌，憩庭阴，清风逐人，日色留兴。卧指青霭，坐攀香枝。闲莺近席而未飞,红蕊拂衣而不散。乃命酌香沫，浮素杯，殷凝琥珀之色，不令人醉，微觉清思，虽五云仙浆，无复加也。座右才子南阳邹子、高阳许侯，与二三子顷为尘外之赏，而曷不言诗矣。

三月三日是上巳节，设酒宴行乐是情理之中的事。然而这次吕温与邹子、许侯等人商议的结果是要与众不同地设茶宴，加强了茶宴的非日常性。文章着重描写了设置茶宴场所的环境，饮用茶汤的色香味，随着茶宴的进行而产生的身心感觉的变化等，对于茶以外的饮食却只字未提。虽然是在室外举行茶宴，但是专门搭建了花台，使得与会者得以坐在席位上摩挲花枝，花朵随风拂衣，即便是玉液仙浆也无法与这时的茶汤媲美。

茶宴可以在多种场合中举行，在不能饮酒的时候茶宴更加当仁不让。其中佛教僧侣或信徒是最容易联想到的，实际上他们也比较频繁地举行茶宴，在茶宴的史料中，与佛教有关的占相当的比例就是这一特征的反映。李嘉祐的《秋晓招隐寺东峰茶宴送内弟阎伯均归江州》诗即为一例：

万畦新稻傍山村，数里深松到寺门。
幸有香茶留稚子，不堪秋草送王孙。
烟尘怨别唯愁隔，井邑萧条谁忍论？
莫怪临歧独垂泪，魏舒偏念外家恩。

李嘉祐在招隐寺里设茶宴，为内弟阎伯均回江州（辖境相当于现在江西省九江、德安、彭泽、湖口、都昌等市县）送行。诗中没有具体描述宴会的饮食情景，但是从称茶为“秋草”上看，可以知道茶宴中饮用的是秋茶。

当然，茶宴与宗教的关系并不局限于佛教，清代朱彝尊在《金石文字跋尾》中，收录了一条祭祀泰山之后设茶宴的石刻资料：

唐张嘉贞、任要、韦洪、公孙杲四诗，

俱刻于岱岳观碑侧，而编《岱史》者不录。任、韦、公孙三人，新旧《唐书》无考。任又题名云：贞元十四年正月十一日立春，祭岳，遂登太平顶，宿。其年十二月二十一日立春，再来致祭，茶宴于兹。盖唐时祭毕，犹不用酒，故宴以茶也。

因为祭祀泰山有饮酒的禁忌，所以在泰山的祭祀活动结束之后，任要等人摆开了茶宴。由以上的史料可以看出，茶会出于各种不同的需要而举办，或为送别亲友，或为促膝雅谈，一盏香茗包含深厚友谊。

第二节　宋代点茶

一　团茶的加工

宋代茶叶可以分为蜡茶和草茶两大类，草茶中有片茶和散茶之分。蜡茶和片茶是紧压茶的绿茶，往往被统一称为团茶。散茶是蒸青绿茶，形态与现代蒸青绿茶无异，但是在宋代并不是像现代这样取芽叶直接沏泡，而是与蜡茶、片茶一样，研磨成粉末后饮用，这点与唐代一样，归根结底都是末茶。

宋代所有茶书记载的都是团茶中的精品——蜡茶，这是宋代最高档的茶叶，成为宋代茶叶的代表。皇室御用茶叶种植加工场所、建州的北苑就生产这种茶叶，因此也被称为建茶。社会上消费的茶叶主要是片茶和散茶，从北宋中后期开始，散茶质与量的提高尤为突出，只有采茶、蒸青、干燥三个工序，简洁的加工工序使得产量的大幅度提升成为可能，满足了饮茶人口激增所带来的茶叶需求，现代日本抹茶就是以宋代散茶发展至今的。

宋代团茶在唐代紧压茶的基础上进一步发展，就像宋代茶文化的总体趋势一样，主要特色表现在更加精致细腻上。唐代的研膏茶发展到宋代以建州北苑为代表的龙团凤饼，贵早的意识逐渐强化，并有极端化的倾向。据赵汝砺《北苑别录》的记载，蜡茶的主要加工工序如下：

① 开焙：正月二十四惊蛰的前三日（一般在 3 月 2—4 日）生火完成准备工作。

② 采茶：半夜开始发采茶的许可牌证，到辰刻（7—9 点）停止采摘。

③ 拣茶：拣茶工序是唐代所没有的，把不符合要求的杂物乃至鲜叶挑剔出去，而拣茶同时成了从原料区分茶叶等级的手段之一，包括水芽（小芽蒸后置水盆中挑选）、小芽、中芽（一旗一枪）三个等级。

④ 洗茶：多次洗涤，令茶叶清洁。

⑤ 蒸茶：杀青。

⑥ 榨茶：杀青后的茶叶淋洗数次以降温，之后入大榨压至半夜，取出揉匀后再次榨，如此反复至天亮，榨干茶叶内含汁液为止。

⑦ 研茶：柯杵瓦盆研磨茶叶。加水研磨到水分蒸发完，再次加水继续研磨，如此反复。

最高级的茶叶加十六次水，加十二次水以上一天研一团。加六次水以下的茶叶，每天研三至七团。

⑧ 造茶：研磨均匀的茶叶，揉和细腻，入圈制銙，《宣和北苑贡茶录》收录了 38 种棬模图案【图 4-2】。

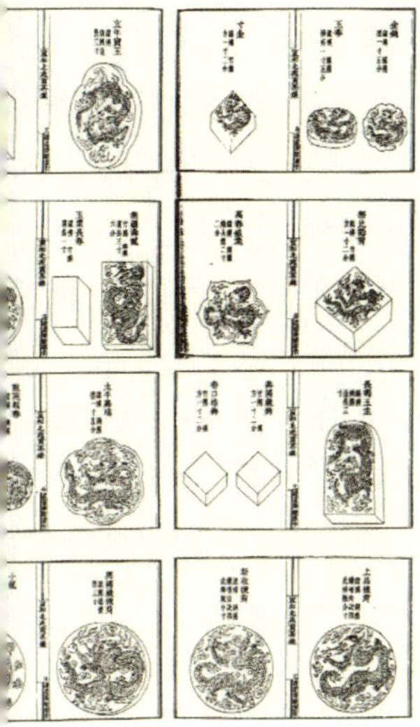

图 4-2《宣和北苑供茶录》中的宋代团茶的形制

⑨ 过黄：就是焙茶。已经成型的团茶烈火焙之，反复三次过开水；再焙一夜；第二日烟焙，火要小，不能有烟，只要有温暖感即可，焙火次数根据团茶厚薄而定；过汤上出色，置之密室，急扇降温，团茶色彩自然光莹，北苑建茶的制茶结束。

北宋仁宗时期，欧阳修等八位大臣分享皇帝赐予的两个小龙团茶。宋仁宗时，蔡襄监造的小团是最珍贵的茶叶，珍贵到什么程度？即便是宰辅之类的重臣平时也得不到皇帝的赏赐，只有在国家最主要的祭祀活动之一的冬至南郊大祀中，分掌军政的中书省、枢密院二府各四位大臣才有机会得到恩赐团茶，数量两个，就是说四人分享一个团茶。宫人剪金纸成龙凤花草模样贴在团茶之上。八个人分割携归，因为太珍贵了不敢饮用，作为可以夸耀的家宝而被收藏，逢有佳客临门，取出来观赏而已。随着产量的提高，贡茶数量也直线上升，于是“至嘉祐七年，亲享明堂，斋夕，始人赐一饼，余亦忝预，至今藏之。余自以谏官供奉仗内，至登二府，二十余年，才一获赐。而丹成龙驾，舐鼎莫及。每一捧玩，清血交零而已”（欧阳修《文忠集》卷六十五《外集十五·序二·龙茶录后序》）。随着茶叶产量的提高，龙茶的赏赐有所增加，至嘉祐七年（1062），“始人赐一饼”，以至于欧阳修舍不得饮用，到撰写《龙茶录后序》的1064年还是原样收藏。

二　多彩的饮茶方式

宋代在制茶技术发展的同时，饮茶方式也更加丰富。但是文献对于制茶的记载集中在北苑建茶，饮茶方式也都针对建茶展开。蔡襄《茶录》是宋代现存最早的茶书，记载北苑建茶的饮用方法。蔡襄还有监制建茶的经历，在担任福建路转运使时，创制小龙团，他所总结的饮茶方法自然具有权威性。此外，他在文坛与官场上的名望也使他的影响力倍增，《茶录》问世后被翻刻流传。有鉴于此，首先以蔡襄《茶录》为例考察建茶的点茶方法。

平时团茶密封放入箬叶编制的茶笼之中置之高处。打算饮用的团茶以箬叶包裹入焙中收藏，茶焙用竹编制。陈茶在饮用之前放入开水中浸泡，刮去表面的膏油，再用茶钤钳住，微火炙干。然后将烤干的团茶用干净纸包起来，放入砧椎击碎，再入茶碾碾成粉末，用茶罗筛过，保证茶叶粉末的细度。同时，用汤瓶烧水候汤。水烧开后烫盏，茶盏推重建窑黑盏。钞一钱匕茶末放入茶盏，先用汤瓶注入少量开水调匀，再添注开水至四分，茶匙旋转击拂，“视其面色鲜白，著盏无水痕为绝佳”。

这是在茶碗里点茶直接饮用的方法，宋人多称之为煎茶，现在仍保存在日本茶道里。宋代的煎茶只是煮水与唐代直接在茶釜中加热茶汤的煎茶不同，按照苏辙的说法：“相传煎茶只煎水，茶性仍存偏有味。”（苏辙《和子瞻煎茶》）他认为这种煎水点茶的方式保存了茶性，并使得茶汤滋味醇厚，似乎暗示煮茶对于茶汤滋味的损失很大。用今天的标准看，直接煎煮茶汤的水温过高，不仅茶汤色彩会黯淡无光，滋味也会比较苦涩。陆羽在熟盂中储存凉水兑入煎煮的茶汤中可以在一定程度上进行挽救，可是毕竟比较被动。正是因为宋代煎茶的这种合理性，宋代斗茶【图 4–3】也采用直接在茶碗里点茶饮用的方式。如果说普通的煎茶是为了享受饮茶的快乐的话，斗茶则是为了比较鉴别各种茶叶的品质以及点茶水平的高下。

基于同样的原理，采用大型钵盂煎点，分酌到小碗饮用的饮茶方式是分茶。宋徽宗在《大观茶论》里介绍点茶方式时说要分七次加入开水，每次都用茶筅搅拌均匀，之后用茶勺分盛到茶碗里饮用。《十八学士图》所描绘的就是分

图 4-3 斗茶图

茶。而宣化辽墓壁画描绘了这两种点茶方式，为我们了解其间的差异提供了很好的途径。墓主不明的六号墓壁画【图 4-4】、张文藻墓壁画

图 4-4 墓主不明六号墓壁画

图 4-5 张文藻墓壁画

图 4-6 张匡正墓壁画

【图 4-5】和张匡正墓壁画【图 4-6】中关于饮茶的描绘是小碗直接点饮的煎茶，而张世卿墓壁画【图 4-7】和张世古墓中壁画则描绘了分茶的饮茶形式。

还有一种极端强调视觉效果、带有很强的

图 4-7 张世卿墓壁画

游戏性质的点茶方式。在五代、宋初，将使用茶匙在茶汤中展现出非常逼真的禽兽虫鱼花草等模样的点茶技艺称之为“茶百戏”。百戏是古代乐舞杂技的总称，人们将这种点茶技艺名之为茶百戏，表明这种茶汤模样变化之丰富以及技艺之高超玄妙。和尚福全“注汤幻茶”成诗的技艺也被称为“汤戏”，观奇赏异者趋之若鹜，陶谷把这种在茶汤表面幻出物象的高技艺评价为“茶匠通神之艺”，名之为“生成盏”。(陶谷《清异录》)此时的福全似乎也有些得意忘形，在表演他的技艺时开始嘲笑他的祖师爷陆羽，“煎茶赢得好名声”。其实陆羽与福全有着天壤之别，福全只是将饮茶技艺的一个方面发展到了极致，而且这个方面还是无足轻重的部分，与陆羽对于中国乃至世界的传统茶学贡献和影响不可同日而语，历史已经做出了公正的选择。历史不仅选择了陆羽，遗忘了福全，还放弃了这种极端的茶汤美学。尽管杨万里也对这种茶汤做了出色的文学描述，在《澹庵座上观显上人分茶》诗中，称之为分茶，但是同样没能挽救其消亡的命运。追奇求怪可以显赫一时，却无法生存一世，为学、为人都当谨志在心。

三　茶馆的盛行

在西晋都城洛阳的市场上，在东晋重镇广陵的市场上，都有老妇人卖茶汤。唐代茶肆已经遍布全国各地，不仅在首都长安，就是在山东、河北，城市“多开店铺，煎茶卖之，不问道俗，投钱取饮”（封演《封氏闻见记》）。由此看来唐代茶馆数量很大，但是在文献里缺乏具体的记载，我们只知道主张茶叶专卖的王涯在长安永昌里的茶肆被叛乱的士兵所擒，最终被杀。倒是日本僧侣圆仁提及他们在随遣唐使经过如皋时“茶店暂停”，等到他离开长安回国时，又沿途多次与送行的唐朝官员在道旁的土店吃茶。（圆仁《入唐求法巡礼行记》）伴随着城市规划的变革，宋代城市的坊市制被取消，各种店铺面街而建，娱乐消费设施迅速增加，茶肆也有了充分的发展，出现了适合各种消费群体的特色茶肆。

北宋大型茶肆挂名人画吸引顾客。宋太祖觉得宫廷收藏的字画仅供皇帝御览太可惜，于是把后蜀宫中收集的优秀作品下赐东华门外茶馆，让更多的人有机会鉴赏。（陈师道《后山集》）在都城汴梁朱雀门外，各种娱乐设施与民宅、茶肆杂处，街道中心地区到了晚上更加热闹，在著名大型酒店潘楼以东的“旧曹门街北山子茶坊，内有仙洞、仙桥，仕女往往夜游吃茶于彼”（孟元老《东京梦华录》）。与现在的酒吧街异曲同工，繁华程度足以让现代茶馆羡慕。

到了南宋，不仅沿承了北宋茶肆的经营方法，并且有了进一步的发展。据吴自牧介绍，在南宋都城临安，“插四时花，挂名人画，装点店面”。经营品种也更加丰富，“四时卖奇茶异汤。冬月添卖七宝擂茶、馓子葱茶，或卖盐豉汤；暑天添卖雪泡梅花酒，或缩脾饮暑药之属”。首先是茶馆最理所应当的商品——各色茶与汤，宋代的茶有各种加工方法，比如加入牛奶的奶茶，七宝擂茶也是一款调味的茶品，至今仍然保留在川、黔、湘、鄂四省交界处的土家族中。汤是使用各种中药材加工的嗜好饮料，宋朝有先茶后汤待客的礼仪，因为汤对身体有裨益，交谈之后主客都有疲倦之意，客人临走之前喝一碗汤，补养体力。“卖梅花酒之肆，以鼓乐吹《梅花引》曲破卖之，用银盂杓盏子，亦如酒肆论一角二角”。茶馆经营起特殊的消暑酒品，但是与酒馆经营的酒在旨趣上有很大的差异，不是为了满足酒客的饮酒欲望，而是增加季节感的手段，没有把茶馆经营成酒店，因此营销方式也别出心裁，加上音乐助兴。这种营销方法也不是一成不变，南宋后期，取消了鼓吹，代之以响盏、歌曲，瓷器、漆器也取代了银器，总之简化了很多。“今之茶肆列花架，安顿奇松异桧等物于其上，装饰店面，敲打响盏歌卖，止用瓷盏漆托供卖，则无银盂物也”。到了晚上还为游客提供车载担挑的流动销售方式，所谓“夜市于大街，有车担设浮铺点茶汤，以便游观之人”。大量的茶肆不仅在经营商品上各显特色，还因其经营内容而形成了固定的消费群体。有富家子弟、朝廷各部门官吏下班之后聚会，学习乐器演奏、歌曲演唱的茶肆被称为“挂牌儿”。这类“人情茶肆”不是以销售茶水为业，茶水不过是收取费用的名目而已。有的茶肆是社会上游手好闲之徒的聚会处，被称为“市头”的茶肆由特定行业专用。有变相妓院的茶肆“花茶坊”，当然“非君子驻足之地也”。“更有张卖面店隔壁黄尖嘴蹴球茶坊，又中瓦内王妈妈家茶肆名一窟鬼茶坊，大街车儿茶肆、蒋检阅茶肆，皆

士大夫期朋约友会聚之处”。甚至还有手提茶瓶沿街挨家挨户点茶的服务。（吴自牧《梦粱录》）

京都是中国古代社会最主要的消费城市，《东京梦华录》《梦粱录》等文献旨在反映太平盛世的豪华，所以记载的内容都是奢侈性娱乐消费的茶肆及其经营特色，事实上宋代茶肆的类型更加丰富，社会作用也远比娱乐消费重要。比如宋理宗时，史弥远独揽朝政，把真德秀、魏了翁等正直的大臣视为眼中钉，对于敢诋毁他们的人许以高官厚禄。凡有些是非心的人都不齿于做这等下流之事，可是偏偏在这时出了这么一个从偏远县城到京城汇报工作又官欲横流的梁成大，跑到茶肆里把真德秀说得一文不值。史弥远闻讯大喜，立即任命其为监察御史。（《宋季三朝政要》）虽说这是一个负面例子，但是茶肆散发社会舆论的功能却体现得非常充分。至于说正面的例子，范祖禹为了向皇帝证明“司马光以公忠正直为天下所信服”，就以茶肆张挂其画像说明司马光在民众心目中的崇高地位。（范祖禹《范太史集》）茶肆所体现的民众价值观不见得与朝廷的价值观一致。

出出进进的大量消费者成为信息的传播者，于是茶馆也就拥有了信息收集与传递的重要功能。秦桧的孙女、小名童夫人的宠物狮子猫走失了，令临安府限时搜寻。到了期限还是渺无音讯，临安府无计可施，开始逮捕邻居，甚至要追究寻猫的官兵的责任。被逼急了的官兵挨家挨户把所有狮子猫都抓了起来，可就是没有童夫人走失的猫。于是官兵贿赂秦府老卒，确认这只猫的相貌，请画师为它画影图形百余幅，张贴在茶肆里。最后，临安府长官通过秦府亲信祈求恳请而不了了之。（陆游《老学庵笔记》）尽管官兵们到山穷水尽时才想到利用茶肆这个高速、大量信息传递场所，但是对于茶肆的这个功能的认识是事实。

茶肆的消费者三教九流无所不包，反映了市场的真实性与复杂性，在鱼龙混杂的同时，也使得茶肆舆论具有更能反映民情的特征，这才是茶肆的最大魅力。

第三节　明代淹茶

一　从末茶向芽茶转型

宋代茶叶以蜡茶为象征，以草茶为消费主体，尤其是散茶以其相对简单的加工技术和浓郁的自然滋味成为消费量最大的茶叶。以蜡茶为分水岭，之前追求技术的精致复杂，以及在复杂的加工过程中产生的色香味，最高成果就是蜡茶，以及日新月异的新品种；之后追求技术的简略，以及自然的滋味，因此草茶的散茶得到充分的发展。这些变化都在末茶的大范围内，无论是蜡茶，还是片茶、散茶，最终都要研磨成粉末饮用。到了元代，蜡茶仍然象征性存在，因为只有皇室消费，甚至可以说纯粹是象征。而且为了适应元朝皇室的口味，在蜡茶里添加各种贵重的香料，加工成口味很重的品种。末茶虽“妙”，却连南方产地也“识此法者甚少”，可见末茶已经走向消亡。至于宋代另一个重要的草茶品种片茶也不见记载，至少可以说对于内地主流市场来说不再具有商业意义，只是从少数民族一贯的消费习惯上推论，供应边疆地区的紧压茶叶品种应该一如既往地生产，这些紧压茶是片茶的延伸产品。元代最主要的茶叶种类是茗茶。清明谷雨之前的茶最好，采好的鲜叶用甑稍微蒸一下，也就是蒸汽杀青到适当程度。倒在筐匾里，乘湿揉捻，入焙烘干，竹叶编笼收藏。饮用时，先用开水泡一下，除去烟熏气，然后煎饮。（王祯《农书》）由此传递出元代主流茶叶为蒸青绿茶的信息，就是说元代开始放弃末茶。

二　新型茶叶种类的诞生

明朝立国之初沿袭宋制，各地贡茶仍然以建州茶、阳羡茶为上品，都是大小团茶。洪武二十四年（1391），太祖朱元璋鉴于龙团过于消耗民力，下令停止龙团贡茶的生产，标志着制茶技术的转型。（沈德符《万历野获编补遗》）从元代社会的茶叶消费特征看，明太祖不过是顺应了社会和时代对于茶叶的选择，因为末茶早已失去了唐宋时代曾经具有的魅力，事实上已经被消费者抛弃。

明代茶书记载的茶叶加工技术以炒青茶为主，其加工过程及理念可以归纳如下：

采茶时间首选谷雨前后，清明太早，立夏太迟。茶芽不可太细嫩，刚刚萌发的细芽味道不足；当然也不可过于成熟，深绿色的茶叶味道欠嫩。“生茶初摘，香气未透，必借火力，以发其香”。炒青所产生的香气远远超过蒸青。炒茶的铁锅既不能是新锅锈锅，更要避免与烹饪混用，沾染油腥气。二尺四寸口径的铁锅一次炒一斤茶青，下茶急炒，火力要猛而稳定，因此燃料必须使用枝柴，不要易燃易灭的树叶。尽管炒青可以形成茶叶香气，但是茶叶并不耐炒，所以炒制时间要短，时间过长的话相反香气会散失。在杀青时，还要一人在旁扇风，以去热气，否则茶叶色黄。杀青结束后继续扇风降温，同时揉捻，使茶汁渗出，烹点时滋味才容易出来。揉捻之后再入锅略炒，文火焙干，冷却后收藏。（许次纾《茶疏》）

绝大多数明代茶书都作于中期或后期，因此可以说到明代中后期，炒青绿茶已成为最主要的茶叶品种，这一特征持续至今，炒青技术也成为中国绿茶区别于另一个产茶大国日本的主要技术标志。不过尽管炒青技术独占鳌头，但是蒸青、晒青等杀青技术仍在使用。出产于浙江长兴的名茶罗岕茶或称阳羡茶就是“甑中蒸熟，然后烘焙”的蒸青绿茶。

明清时代地方文化成熟起来，方言背景下

的地方戏层出不穷，各地的名茶也如雨后春笋般涌现出来。其中云南茶异军突起，令人刮目相看。尽管这里是茶树原产地的中心，但是唐宋时期云南的制茶技术非常简陋。万历年间，谢肇淛的《滇略》中说："士庶所用皆普茶也，蒸而团之。"从云南在明代仍然生产紧压茶来看，其茶叶生产历史也不短，但是评价不高的原因很可能是没有采用诸如研膏茶等更加切合时尚的加工技术，福建因为采用研膏技术而将滋味浓重的鲜叶加工成口味适中的蜡茶。云南茶树是大叶种，滋味比福建更加浓厚，加工成普通片茶的话过于苦涩。而明代茶汤加工方法发生了变化，对于沏茶来说，从茶叶里泡出来的成分有限，于是云南茶的浓厚口味变得清淡了，开始被边疆少数民族以外的消费群体接受。到了清代更是"普茶名重于天下"。(《滇海虞衡志》)

如果说云南茶叶被接受乃至得到高度评价是坚持的结果的话，福建则是积极主动成功完成产品转型的典范。宋代最著名的茶叶是建州北苑所产的蜡茶，元朝还在武夷置局制茶，随着末茶的被废弃，宋元时期福建茶的荣光也就成了历史。明代引进安徽松萝茶的制作技术加工武夷茶，经过长时间的改造，最终形成现代的武夷岩茶。按照清代王草堂《茶说》的记载，武夷茶在采茶之后匀摊在竹匾上，架在风日之中晒青。等到色彩渐变，然后再炒、焙。与其他茶叶相比，只有武夷茶炒焙兼施，半青半红，“青者乃炒色，红者乃焙色也”。最后在精制工艺中有拣梗，“拣去其中老叶枝蒂，使之一色”。在嘉靖年间，武夷山中“环九曲之内”的茶农数量“不下数百家，皆以种茶为业”，年产达到上千万升，通过水陆运输，销往各地，“而武夷之名甲于海内矣”。（徐𤊹《茶考》）

在武夷山，不仅诞生了半发酵茶，还培育了全发酵的红茶，武夷山星村镇桐木村被认定为正山小种红茶的起源地。正山小种红茶一般在被称为“青楼”的室内加温萎凋，之后揉捻至茶汁溢出，装进竹篓发酵，发酵好的茶叶过红锅，这是正山小种红茶特有的工序。炒后的茶叶经过复揉使之紧缩，再进青楼熏焙，复火之后完成毛茶的初制。

武夷山的茶叶生产者充分利用了发酵技术，发展了中国两大茶叶种类，但是这两种茶叶有一个很大的区别，就是武夷岩茶的产地消费武夷岩茶，而红茶的产地却不饮用红茶。厦门是中国重要的外贸口岸，这为武夷茶走向世界提供了地理上的便利。开始时出口的茶叶种类比较丰富，但是逐渐地红茶成为主要出口种类，欧洲市场的需求诱导着中国茶叶生产的走向，直接刺激了红茶的生产，形成了外销茶的销售特征。

三　苏杭两大饮茶流派

明代饮茶最终以苏杭为代表分为两大流派。苏州饮茶把茶叶放入陶瓷壶加水煎煮，火候的把握以沸腾次数为度，茶汤色泽淡金黄，香味清馥。杭州饮茶把茶叶放在茶碗里，注入开水沏泡，名为“撮泡”。当时杭州的饮茶方法并不占优势，甚至不乏批评之声。连陈师也认为杭州的饮茶法不合理，一是因为沏茶无法把茶叶里的滋味完全浸泡出来；二是沏泡一次就舍弃不用太可惜；三则杭州饮茶习惯果菜佐茶，滋味平淡一些倒也罢了，偏偏滋味浓厚的如熏梅、咸笋、腌桂、樱桃之类经常出现，不仅“失茶真味”，而且使用盐的果菜引茶入肾，对身体也不好。他推崇在山寺苏州风格的饮茶，一壶茶，两只小瓯，没有果菜，随意啜饮，“知味而雅致”。（陈师《茶考》）

苏州方式继承了元代的饮茶方法。元代生活日用性类书《居家必用事类全集》记载的“煎茶法”使用蒸青绿茶，要求使用有火焰的炭火煎茶。水烧开后用冷水点注，等到再次沸腾，再注入冷水，“如此三次，色味皆进”。这是名副其实的煎茶。另一部以明初著名谋臣刘基的名义出版的元明生活日用性类书《多能鄙事》也收录了这条内容，再结合上述陈师《茶考》，可见煎茶的发展脉络。不过明代的煎茶很快发生了变化，一是茶叶改为炒青绿茶或者地方的特色茶叶，二是不再“煎”茶。大约晚于陈师三十来年的许次纾在《茶疏》中，不仅强调炒青技术的广泛使用，而且在“饮啜”条中具体介绍了他所推崇的饮茶方法：

> 一壶之茶，只堪再巡。初巡鲜美，再则甘醇，三巡意欲尽矣。余尝与冯开之戏论茶候，以初巡为婷婷袅袅十三余，再巡为碧玉破瓜年，三巡以来，绿叶成荫矣。开之大以为然。所以茶注欲小，小则再巡已终。宁使余芬剩馥，尚留叶中，犹堪饭后供啜漱之用，未遂弃之可也。若巨器屡巡，满中泻饮，待停少温，或求浓苦，何异农匠作劳，但需涓滴，何论品赏，何知风味乎？

可见许次纾使用的是苏杭混合法，即使用了茶壶，但是没有煎煮，进而通过两次冲泡在一定程度上解决了陈师时代只冲泡一次就扔掉茶叶的浪费问题。若干年后，英国为了解决茶叶难以充分泡出有效成分的问题，与中国少数民族一样，采取了粉碎茶叶的方法，这是后话。

明代沈德符在《万历野获编》里比较了宋明

茶叶的加工技术，认为宋代的龙团添加香药，而明代的茶叶仅采芽茶，因此保存了茶叶的真味。就饮用方法而言，“今人唯取初萌之精者，汲泉置鼎，一瀹便啜，遂开千古茗饮之宗”。从明代对于芽茶采用瀹饮法，沈德符“开千古茗饮之宗”的认识反映了明人的自信，他把这份功劳归之于朱元璋，“乃不知我太祖实首辟此法，真所谓圣人先得我心也。陆鸿渐有灵，必俯首服；蔡君谟在地下，亦咋舌退矣”。朱元璋以九五之尊提倡瀹饮散茶无疑有着巨大的引导作用。

不过文化的消长确实难以预计，殊不知几百年后的今天，杭州风格的沏茶成为世界的主流饮茶方式，当然其中融合了苏州风格，比如以紫砂壶为代表的壶的使用。

第四节　当代沏茶

一　杯泡法

玻璃杯是现在使用率最高的茶具，主要用于沏泡名优绿茶和黄茶。根据个人嗜好以及茶叶特性，适当调整用茶量。

布具：按照冲泡需要，把 150 毫升容量玻璃矮杯、赏茶碟、茶则、茶针、茶叶罐、茶巾、烧水壶、水盂等茶具依次摆放【图 4-8】。

置茶：从茶叶罐中取 2.5 克茶叶置入茶杯。

浸润泡：沿杯壁回旋斟水约 1/3 杯，使茶叶在低温中充分吸收水分膨胀，析出内含物质，由此冲泡的第一杯茶就有浓郁的滋味。

赏茶：在浸润泡时，取 2.5 克茶叶放赏茶碟上，欣赏干茶的外形和香气。

冲泡：执水壶用约 90℃的开水“凤凰三点头”，即高冲低斟三次，茶叶上下翻滚，茶杯中

图 4-8 杯泡法

上下茶汤浓度一致。

奉茶：左手托杯底，右手扶杯身奉茶。

闻香：茶叶香气放松身心的效果不亚于茶多酚的功能。

观色：中国名茶的造型、色彩悦人身心。

啜饮：呷啜一口茶汤含在口中，首先感受到茶汤的苦涩。一边吸气一边使茶汤从舌尖沿两侧在口中回旋，充分体会茶汤滋味，然后咽下，这时会产生回甘生津效果，并且满口留香。

二　壶泡法

茶壶沏茶适用各种茶叶，不同种类的茶叶选用不同的茶壶。拿乌龙茶来说，一般选用容量较小的壶。根据个人嗜好以及茶叶特性，调整用茶量以及茶汤驻壶时间长度。

布具：按照茶叶冲泡要求将 100 毫升容量紫砂小壶、品茗杯、赏茶碟、茶斗、茶则、茶针、

图 4-9 壶泡法

茶叶罐、茶巾、烧水壶等茶具依次摆放【图 4-9】。

赏茶：用茶则取 5 克茶叶放赏茶碟中，鉴赏干茶的外形和香气。

温壶：右手取壶盖放茶巾上，用烧水壶逆时针方向回旋注入开水。盖上壶盖，右手执壶，左手托壶，注入品茗杯。

置茶：取下壶盖，放上茶斗，用茶则从茶叶罐中取 10 克茶叶，通过茶斗，置入壶中（1/3 壶）。

冲泡：左手取下壶盖，右手执烧水壶，将 100℃的开水注满茶壶，刮去浮沫后淋壶一周。

温杯：用拇指、食指、中指取品茗杯，放入另一品茗杯内向内旋转数圈，俗谓狮子滚绣球。

分茶：依次逐渐向各个品茶杯注入茶汤，俗称水流成柱为关公巡城，最后仅有点滴的状态为韩信点兵，即倒尽茶汤。

奉茶：左手托杯底，右手扶杯身奉茶。

闻香：茶叶香气放松身心的效果不亚于茶多酚的功能。

啜饮：呷啜一口茶汤含在口中，首先感受到茶汤的苦涩。一边吸气一边使茶汤从舌尖沿两侧在口中回旋，充分体会茶汤滋味，然后咽下，这时会产生回甘生津效果，并且满口留香。

嗅杯：饮尽茶汤之后，嗅闻杯底，香气高于茶汤。

三　碗泡法

盖碗适合饮用茉莉花茶以及嫩度不是很高的绿茶等。根据个人嗜好以及茶叶特性，调整用茶量以及开水温度。下面以茉莉花茶为例。

布具：按照茶叶冲泡要求将 250 毫升容量的盖碗、赏茶碟、茶则、茶针、茶叶罐、茶巾、烧水壶、水盂等茶具依次摆放【图 4-10】。

图 4-10 碗泡法

赏茶：用茶则取3克茶叶置赏茶碟上，鉴赏干茶造型和香气。

温碗：右手执烧水壶沿碗壁回旋注入半碗开水，从右向左倾斜转动盖碗，右手持碗把开水再倒向左手的碗盖，顺势流入水盂。

置茶：用茶则取约3克茶叶放入盖碗。

浸润泡：沿碗壁逆时针方向注入约1/3碗开水。

冲泡：凤凰三点头，注入95℃的开水，盖上碗盖静置1分钟。

奉茶：左手托碗底，右手扶碗身奉茶。

闻香：左手取下碗盖闻香。

观色：观赏茶叶造型、色彩。

啜饮：呷啜一口茶汤含在口中，首先感受到茶汤的苦涩。一边吸气一边使茶汤从舌尖沿两侧在口中回旋，充分体会茶汤滋味、香气，然后咽下。

第五章　茶　礼

“夫礼之初，始诸饮食。”（《礼记》）在人类出现之初，生产力水平很低，食物非常有限，为了最大限度地维持全体家庭成员的生存，先民使用软性的礼仪限定强者，同时让妇女、儿童等弱者得到生存的机会，让人类脱离自然界动物的弱肉强食，保证了人类的繁衍。

可是人类在餐饮的时候却像动物一样，欲望完全暴露在外，为了强调自己所谓万物之灵的优越地位，制定了餐饮礼仪，与前者制度性的礼仪相比，精神性的、审美的礼仪文化由此发展。作为嗜好饮料的茶从一开始就具有审美的意义，各个社会群体都为茶的礼仪化做出了各自的努力，形成了丰富多彩的茶礼。

第一节 生活待客

一 茶礼待客

在茶文化发祥地的中国，全民普遍饮茶是区别于其他国家饮茶状况的重要标志。早在中国茶文化产生之初的魏晋南北朝，就形成了待客茶礼。

“大历十才子”之一的韩翃在《为田神玉谢茶表》里说“晋臣爱客，才有分茶”（《全唐文》），指的是陆纳拟用茶果款待到访的谢安。以指挥淝水之战著称的谢安是晋朝的大贵族，他计划拜访陆纳，陆纳准备用茶果接待贵客。可是侄子陆俶认为谢安生活奢侈，茶果过于俭约，不适合谢安。因为难以说服叔叔，陆俶暗中另行准备了丰盛的酒宴。等到谢安到访，摆开豪华的宴会，谢安似乎是满意而归，却惹恼了陆纳。他叫出侄子，斥责他不但没有光大父辈的荣光，反而给自己的朴

素品行落下了污点，于是打了他四十大板。(《晋书》)

无独有偶，酷爱饮茶的晋司徒长史王濛只要有客人就斟茶款待，同僚经常在他家聚集然后一起上朝，饮茶就成了必不可少的环节，对于没有饮茶习惯的士大夫来说是一件非常痛苦的事情，于是称每次聚集饮茶为“水厄”。(《太平御览》)

王濛没有设身处地地为客人——同僚着想是事实，但是不能说王濛不好客，相反表明他对于饮茶的喜爱程度，以及对于客人的热心。可是他的良苦用心与结果背道而驰。士大夫们既然不喜欢饮茶为什么不推辞呢？结论是无法推辞，因为无论是主人设茶，还是客人饮茶都是礼仪，不能不喝。逼迫士大夫们饮茶的不是王濛，而是茶的礼仪属性，这也是一种异化的现象吧，反映了在魏晋南北朝时期，茶的礼仪化程度已经很高。

当然王濛与他的同僚的故事应该是一个特例，一般情况下主客都会保证茶礼的圆满运行。和尚昙济用茶招待来访的南朝宋王子所得到的反响恐怕超出了主人的预料。南朝宋的新安王刘子鸾和豫章王刘子尚到安徽八公山拜访昙济和尚。和尚设茶款待，子尚品尝之后说：“此甘露也。何言茶茗？”(《茶经》)

在广东、广西和越南北部地区，人们甚至利用当地的饮料资源建立起与饮茶一样的礼仪文化。他们把苦丁茶原材料瓜芦加工成碎屑，加入各种香料，像茶一样煮做饮料，“客来先设”（《桐君录》）。

二　茶汤礼仪

在饮食中，茶较之纯粹解渴的冷热水具有奢侈品的特征，由此带来高贵的属性；茶较之令人极度兴奋的酒具有清淡稳重的特征，赋予它雅致的属性。茶平和的自然属性使得它没有绝对的、天生的敌对者，最广大的受众以茶为载体建立起超阶层、超地域的礼仪文化。无论处在多么窘迫的生活环境中，能以一杯清茶待客，对于主客都是一种精神上的慰藉，被最大限度地应用于生活之中。除了单独的茶礼，还与其他饮食搭配，形成更加复杂、完整的礼仪组合，茶汤礼仪就是历史最悠久的一个。

众所周知，茶汤是使用各种中药材煎煮加工的饮料，反映了脱颖而出的茶叶与汤无法分割的关系。凉茶是饮茶的一大忌讳，而汤则是凉的或温的，反映了它们在饮食中的互补。宋代明言茶汤结合，并开始反省总结。对于这个习俗有一个解释，说客人久坐交谈伤气，临走之前饮汤具有补气的效果。（《南窗纪谈》）但是茶汤结合的事实在晋代就出现了。弘君举《食檄》记载一次大规模的宴会，尽管散失、舛乱严重还是可以得到以下信息，即客人到达，问候之后就上茶，所谓“寒温既毕，应下霜华之茗”。之后便是伴随着各种珍奇菜肴点心的酒宴，宴会最后上甘蔗、木瓜、杨梅、橄榄等果汁各一杯。到了唐代，茶药一词多次出现，只是缺乏具体内容，不了解具体构成。宋代的茶汤礼仪已经普及于社会各个阶层，朱彧《萍州可谈》说：“今世俗，客至则啜茶，去则啜汤。”茶汤礼仪习俗已经传播到辽国，“辽人相见，其俗先点汤后点茶”。朱彧认为这是契丹族为了表示与宋的差别所做的没有意义的变化，其实宋朝的茶汤礼仪并不整齐划一，在寺院茶汤礼仪里就有先汤后茶的例子。

第二节 朝廷礼节

一 祭礼中的茶

茶叶除了作为嗜好品用于日常消费以外，还被吸收进政府的礼仪，无论是皇室的宴会还是时令庆典，都会使用茶叶。朝廷、皇室虽然不是最早接受茶文化，却拥有最大的影响力，创造与享受着最辉煌的成果，尤其是他们拥有行政权力，可以更加有效地建立、推行制度性的文化。

中国有“人所饮食，必先荐献”的说法，即人们日常的饮食在季节性素材上市时，首先就要奉献给祖宗神仙。在这种观念的基础上，中国人频繁祭祀，但是又不是淫祀，原因就是祭品都是日常食品，没有挥霍、破坏的主观意识与客观作用。对此表述得最浅显易懂的是南朝齐武帝，他选定祭品的原则是“生平所嗜”，就是选择故世之人生前喜爱的食品作为祭品。因此他不仅为亡故的后妃选择了茶，而且在遗诏中要求今后祭祀他的时候也使用茶。其实齐武帝还有移风易俗的深层目的，希望使用节俭的茶等的祭祀方法取代当时奢侈的祭祀习俗，自己身体力行以树立模范，继而能够为全社会所接受，所谓“天下贵贱，咸同此制”。

正因为中国人将死者的世界视为现实世界的翻版，认为活着的时候所需要的东西，死后也同样需要，于是最一般的需要当然是不可一日或缺的饮食。而茶作为嗜好饮料，尤其因为具备清雅脱俗的文化意义，很自然地被用作祭品，从这个角度看茶叶进入礼仪的世界的条件与素质是与生俱来的，饮茶的社会品格进一步加速了饮茶的礼仪化进程。

齐武帝不分社会地位、贫富差距，都使用茶为祭品的期望因为确实拥有经济上的合理性与社会上公认的纯洁性而实现了，或者说茶本来就已经是高度普及化的祭品，齐武帝只是想把它制度化，因为晋代已经开始用茶祭祀神鬼。在剡县，年轻的寡妇陈务妻每日饮茶时先在宅院里的古坟前祭祀一下。（南朝宋刘敬叔《异苑》）余姚虞洪擅长烹茶，道教传说人物丹丘子闻讯用瀑布山的“大茗”与他交换，由此虞洪设祭，供奉茶汤。（西晋王浮《神异记》）虽然这是一则带有浓郁宗教色彩的传说，人物事件等是虚构的，但是作为祭品的茶的利用却是真实存在的。同时，朝廷与民间在茶文化上的高度一致性也得到具体的印证。

二　朝廷礼仪中的茶

茶汤结合的款待方式也同样为民间和朝廷共有，但是在民间是习俗，在朝廷则是制度。在辽朝，宋朝使者来访拜见辽国皇太后的礼仪中规定："赞各就坐，行汤、行茶。"（《辽史》）就是说在通报了使者姓名等之后，主客入座，先上汤，再上茶。在祝贺生日以及新年时，宋朝使者也要上朝向皇太后祝词，这时的礼仪规定要"行汤、行茶"，之后才是与辽朝的大臣们问候。史载，在金朝的朝廷宴会上，大家就位之后收起朝笏，"先汤，饮酒三盏，置果肴，茶罢，执笏，近前齐起"（《金史》）。

金朝继承辽朝严格遵守先汤后茶的礼仪秩序，不过单独的茶礼更加频繁。例如在礼仪性很强的宴饮游戏藏阄仪中也加入了茶的要素。在宴会的日子，契丹族与汉族臣僚常服入朝，皇帝御天祥殿，臣僚依位赐坐。契丹族在南面，汉族在北面，分成两组抓阄。原来是抓到的人饮酒，皇帝抓到的话，群臣进酒，然后赐臣饮酒，现在加入了茶。"晚赐茶，三筹或五筹，罢教坊承应。"（《辽史》）宋辽之间的外交使节也使用茶叶为礼物，或者茶汤款待。宋朝使者拜见辽国皇帝时，"殿上酒三行，行茶，行肴，行膳"（《辽史》）。

宋作为产茶国，在与各少数民族政权交往中更少不了茶的应酬，“契丹每岁国使入南宋境……至白沟驿赐设，至贝州赐茶、药各一银盒”（《契丹国志》）。特别有意思的讯息是“茶、药各一银盒”的配伍，茶叶与点汤的材料组合为一套礼物，成为茶汤礼仪的又一个例证。

三 朝廷的礼物

事实上各朝代都要以各种名义赏赐大量的茶叶。拿宋朝来说，宋太祖、太宗的时候，赐茶将士的例子特别多。而以后各位皇帝赐给周边少数民族茶叶的事例不仅频繁，而且次数也更多。比如宋仁宗庆历四年（1044）开始，每年赐给西夏主李元昊茶叶 20000 斤；仁宗生日乾元节元昊遣使庆贺，于是回赐茶叶 5000 斤；对于元昊的贺年朝贡，又回赐茶叶 5000 斤。茶叶不仅是重要的生活物资，甚至具有代替货币的功能，因此赐茶的意义非同一般。咸平二年（999），宋真宗对西蕃诸族悬赏茶叶 60000 斤生擒西夏李继迁，次年赐前来归顺的李继迁部下 46 人茶叶。景德元年（1004），诏灵、夏、绥、银、宥等州的蕃族，如果弃战求和将赐茶 5000 斤。景德二年（1005），诏西夏赵德明如能顺命将赐茶叶 20000 斤。次年赵德明表示顺从，于是宋朝赏赐了答应的 20000 斤茶。（《续资治通鉴长编》）

朝廷赐茶的对象非常广泛，大臣、庶民也

不乏其例。欧阳修得到御赐龙团的故事众所周知，元祐四年（1089）四月二十四日，宋哲宗赐太师文彦博及宰相、执政官密云龙各十片、曾坑各两片，秘阁提举黄本翰林学士密云龙各六片、曾坑各两片，秘阁馆职官密云龙各四片。（《宋会要》）小团茶中的精品为密云龙，宋神宗熙宁年间（1068—1077），贾青为福建转运使时监造生产，二十饼为一斤，分成两袋包装。其他大小龙团都使用粉红色袋子，用来赏赐。唯独密云龙使用黄袋，因为它“专以奉玉食”，就是说是皇帝自己饮用的茶叶。（叶梦得《石林燕语》）宋真宗大中祥符元年（1008）二月赐京邑父老500人茶；在泰山封禅的途中，又赐泰山父老茶。（《续资治通鉴长编》）

总之，作为礼品的茶叶在政治、经济生活中发挥了巨大的作用，在大量对边疆少数民族的赐茶中，不乏被要挟的例子，宋朝用茶叶“购买”了和平。也有很多是鼓励和平、稳定的悬赏。两者共同组成所谓的羁縻政策。对将士的赐茶则起到了鼓舞士气的作用，而对大臣、庶民的赐茶则在沟通情感的同时，也体现了皇帝与民同乐的情怀。

宋朝是以优遇大臣、文人著称的时代，饮茶也是重要的体现渠道。每次宫廷里的讲筵结束后，皇帝都要赐茶给主讲、陪听的大臣们。南宋魏了翁（1178—1237）有《讲筵侍立》三首描述他在讲筵的陪听经历，其中即有赐茶：

晨趋东殿侍天颜，奏事班回帝辇还。
才向内门需少选，诸珰又趣讲筵班。
须臾讲殿报班齐，拜罢东升一半西。
两序公卿皆赐坐，史臣讲读右阶隮。
御前亲赐密云龙，讲罢分行帝在中。
起揖坐尝还再拜，侍臣趋出辇还宫。

公卿大臣们一早赶到皇宫上朝，奏事之后皇帝也回去了。在挑选一些内侍参与时，太监们表现出极大的兴致。不一会儿讲筵组织完毕，不过等到万事俱备，时光还是过去了很多。两序的公卿大臣都赐了座，史臣登上右阶开讲。讲筵结束后，皇帝亲赐密云龙，六部大臣具备，而皇帝也在其中。大家起立作揖感谢皇帝，坐下品尝之后再次拜谢，于是侍臣们纷纷退出，皇帝也返回内寝。君臣和洽的气氛是明清时代的公卿不敢想象的。

仁宗时，在集英殿春试进士，后妃们到太清楼观看，最后皇太后拿出饼茶赐进士，而用七宝茶赐考官，一时传为佳话。（王巩《甲申杂记》）早年，宰相早朝时还在大殿命坐赐茶。因此宋徽宗一再亲自为亲信大臣点茶也就容易理解了。

宣和元年（1119）九月十二日，赵佶召蔡京等人宴于保和殿，宴后，赐茶全真殿，徽宗"亲御击注，汤出乳花盈面"。大臣们惶恐上前说：陛下无视君臣之别，为臣下烹调茶汤，可是我们震悸惶怖，如何饮得下。说罢顿首拜谢，品饮皇帝亲手点的茶。（王明清《挥尘录余话》）

第三节 儒家家礼

一 儒家礼仪思想

儒家思想是中国传统文化的核心。儒家以拯救社会为己任，对礼仪有系统的思考，并为之进行不懈的努力。儒家经典“十三经”之中，关于礼的论述就有《周礼》《礼记》和《仪礼》三种，而仁是孔子思想的核心。孔子以仁释礼，仁礼结合。仁是美好的品德，是礼的精神支柱，所以孔子说:“人而不仁，如礼何？人而不仁，如乐何？”(《论语》) 为人不仁还要礼仪干什么？为人不仁还要音乐干什么？礼乐是仁的品德的外在体现，乐将礼的外在客观形式提升到内在精神的层面，它们都具有强烈的审美意义。因此孔子一再告诫人们不要误解礼乐：“礼云礼云，玉帛云乎哉？乐云乐云，钟鼓云乎哉？”礼呀礼呀，难道仅仅是精美绝伦的玉帛等礼物吗？乐呀乐呀，难道仅仅是优美震撼的钟鼓等乐曲吗？没有仁的品德的礼乐之美也就没有意义。在对人民的教育管理中，只有包括各种良好品德在内的仁与礼携手才能达到终极目标。“道之以政，齐之以刑，民免而无耻；道之以德，齐之以礼，有耻且格。”（《论语》）用政法来诱导，用刑罚来限制，人民可以免于犯罪，但是没有羞耻心；用德行来诱导，用礼仪来限制，人民有是非之心而且从内心接受。因为饮茶者接受了完整严格的儒家教育，儒家的思想会自觉不自觉地反映在他们的生活中，这种礼仪观也同样体现在茶文化上。

二　俭德的剖析

第三章已经提到过，在中国茶文化产生期的魏晋南北朝，杜育在《荈赋》里提到茶具来自《公刘》。《公刘》是周人史诗之一，收录在《诗经·大雅》中，其中就说到使用瓢来舀取酒。后世儒家学者郑玄解释选择使用瓢的意义说“俭且质也”，即瓢的使用象征着节俭、质朴，因为“匏是自然之物”。茶器是表现茶的俭素精神的途径之一。尽管金银器皿在上层社会非常流行，但是杜育却选择了陶瓷和葫芦等日常饮食器皿。儒家对于陶瓷和葫芦有着独特认识，孔颖达在解释《礼记》中使用陶匏为祭器时说：使用陶匏是崇尚礼仪的结果。祭祀共牢时，祭桌——俎以外的器具只用陶匏，这是因为看重古代礼仪崇尚自然。陶乃贵尚古之礼自然也。陶是没有装饰的东西，匏也非人工所为，皆是天生本质而自然的东西。

“俭”字的本义是自我约束，正是礼仪建设的初衷。而且茶的嗜好品特征也与礼仪乃至儒家思想有着高度的一致性。嗜好品不是生存必需的东西，属于奢侈品，其消费自然带有奢侈的意义，而礼仪也需要很高的成本，从这个意义上说儒家也就是一种奢侈的文化，在这方面与墨家形成鲜明的对比。奢侈是一个相对的概念，对于不同社会地位、经济能力的人，奢侈的物质标准的差距可能有天壤之别，因此俭——自我约束就显得格外重要，而礼仪则从树立价值观，以及通过建立在这个价值观之上的社会舆论的监督，乃至发展到法律制度层面的制约，来规范人们的行为，促使人们保持清醒和理智，避免出现失控的奢侈，破坏社会的健全发展。所以俭德既非奢侈，也非吝啬，而是中庸，即又回到儒家的根本。

事实上，在茶文化的实践中也确实充分体现了自我约束的追求目标。比如魏晋时代追求精神的高度自由，魏晋风流是最集中而辉煌的体现，其中的“率性”是一个重要的评价标准。《中庸》曰“率性之谓道”，就是说遵循本性自然发展原则的实践——率性就是道，本身就是中庸思想的体现。可是随着魏晋风流的异化普及，风流的内涵消失了，剩下的只有其外表的形式，酗酒成为率真最轻而易举的体现形式，发展成为威胁国家安全的极端的生活方式，完全背离了中庸的本质属性。正在这时茶文化崛起。茶叶的生化特征已经为理智打下了物质的基础，桓温、陆纳之流应对残酷的社会现实的需要，以茶为载体打造了与酗酒对立的崭新的风流。与酗酒的奢侈、废职相比，饮茶建立起俭约、负责的文化形象。于是陆羽把茶文化精神总结为“精行俭德”。

作为隐士的陆羽对于茶文化的期待与总结表现出强烈的儒家色彩，根本原因是他对儒家思想的高度认同。虽然从小生活在寺院，却以佛教违反儒家伦理纲常而义无反顾地离开。虽然是隐士，却以儒家的家国情怀关注社会，设计茶道，连他的朋友也时时期待、相信他能出仕，在朝廷为国家一展才华。在制定茶道规范时，在风炉上特意刻写了直接体现国家民族意识的“盛唐灭胡明年铸”。

三　儒家茶礼

儒家对于茶文化的影响除了这些深层意识形态的方面，还体现在生活实践方面。影响最大的当是朱熹在《家礼》中对茶礼的积极应用。就拿祠堂初一、十五的拜谒之礼来说，前一天打扫干净，天亮之后打开门帘，每个神龛前的桌子上陈设一大盘新鲜水果，茶盏托、酒盏盘各一个，各种祭器。全体祭祀参与人员按照规定到位之后开始行礼。其中茶礼的具体过程是：主妇手执茶筅上前，执事者执汤瓶随之，然后点茶，之后命长妇或长女亦如之。子妇、执事者先降复位，主人、主妇分立于香桌之前东西两侧，再拜降复位，与在位者一起再拜，辞神而退。但是十五望日不设酒，不出主。主人点茶，长子在香桌之南再拜乃降，其余如上述礼仪。就是说茶礼的应用机会要比酒礼多。朱熹的《家礼》不仅在中国被奉为圭臬，在东亚也有着广泛的影响。

第四节 佛教仪规

一 佛教与茶的结合

儒家高度重视礼仪，并建立起严格的礼仪制度。但是这些礼仪制度往往应用于宫廷活动与家族祭祀大型活动中，而在普通人的日常生活中被大大简化。随着时代的推移，合理主义的思维方式日益普及，礼仪更是被作为没有意义的形式而批判，于是唐代有了“繁文缛节”的说法，成为烦琐多余的代名词。宗教具有把一切活动礼仪化的基本特征，佛教当然也不例外，何况进入了高度重视礼仪的中国？所以宋代儒家学者程颐游览寺院，巧遇僧人用斋，之后发出了感叹：“三代礼乐，尽在是矣。”（宋潜说友《咸淳临安志》）标志中国文明的礼乐仅仅保存在寺院里。

佛教在中国有着独特而高度的发展，恰巧与茶不期而遇，并且呈现出与茶文化的发展脉络非常一致的特征。茶是中国人开发的迄今为止世界上最优异的饮料，它发展成为中华文化要素的时代与佛教传入中国的时代是一个历史的机缘与巧合。众所周知，汉代扬雄、司马相如都有只言片语的茶叶史料存世，王褒《僮约》反映的茶叶信息固然深刻，但是仍然是孤证。这时佛教传入中国。魏晋南北朝，中原接受了茶文化，标志着中国茶文化的形成。佛教也进入第一个发展高潮，并且与佛教相关的茶文化史料也出现了，意味着佛教积极吸收茶文化。唐代是佛教中国化的关键时代，中国茶文化达到了鼎盛期，其中佛教的社会影响力不容忽视，然而在整体上茶文化与佛教很难截然分清何者发挥着牵引作用。百丈怀海的《禅门规式》（即俗称的《百丈清规》）早已散佚，但是从宋代《禅苑清规》里已经建立起茶汤礼仪制度上可以推见其最初形成于唐代，这是中国化的佛教禅宗清规中独创的制度。

二　茶汤礼仪

佛教礼仪活动分为佛事礼仪与茶汤礼仪两种形式。佛事礼仪来源于印度，主要用于各种佛事活动的过程中，是僧侣与佛、菩萨之间进行沟通的方式。茶汤礼仪包括茶礼和汤礼两个部分，既可分别单独使用，也可结合成组进行，有时简称茶礼。茶汤礼仪是禅宗清规借鉴和吸收儒家礼制文化创设的礼仪形式，因此是佛教中国化的重

图 5-1 吃茶图

要组成部分，主要用于寺院人际交往和信息沟通【图 5-1】。

礼仪是宗教的固有特征。在佛教寺院中，各种活动的形式和过程都被礼仪化，因此，寺院活动就是礼仪活动，寺院的制度就是清规。佛教清规是关于僧侣衣食住行和僧团修行传法等活动的宗教禁戒和行为规范的总汇。僧侣们通过严格遵守、身体力行清规，就可以创造以“六和敬”（戒和同修、见和同解、身和同住、利和同均、口和无净、意和同悦）为特征的僧团内部环境，取得世俗社会的尊重，获得施主的供养，从而达到出家的最终的目标——修行解脱。由此看来，茶汤礼仪虽然应用于人与人，但是终极意义还是有助于修行解脱的实现。

元代元统三年（1335），元顺宗命百丈怀海第十八代法孙东阳德辉重修的《敕修百丈清规》集禅宗清规之大成，完整地记载了百丈怀海制定禅修仪轨，使得它成为了解中国古代寺院茶汤礼仪的重要途径。全面整理《敕修百丈清规》中的茶汤礼仪史料，可以发现如下特征：

几乎所有的寺院活动都使用茶汤礼仪，高频率的特征十分突出。

茶汤礼仪的规格很高。《敕修百丈清规》说："丛林以茶汤为盛礼。"宋代惟勉编《丛林校定清规总要》也说："自古茶礼最重，有谢茶不谢食之说。"从《清规》茶礼的应用对象上看，针对世俗的皇帝的生日与忌日、帝师的忌日使用茶礼。而在佛教界内部，也应用于佛祖诞辰和涅槃日，达摩、百丈、开山祖师、主持的传法师的忌日等等。

茶汤礼仪被高度礼仪化和程式化。为了各种具体目的而举行茶汤礼仪，程式化从技术上保证了茶汤礼仪的顺利进行。同时，这也是礼仪化的要求，茶汤礼仪自始至终的举手投足，包括应对都有严格的规定，即便是不愉快的话题也不可能随心所欲地表达，由此避免发生正面冲突。

高度的礼仪化要求茶汤礼仪必须有条不紊地进行，从准备、决定、公布到结束的每个环节都有大量细致的工作。而程式化固然保证了茶汤礼仪的水平，但是也增加了难度，这些条件催生了实施者的专业化，点茶人和茶头行者承担着这些工作。

佛教不仅吸收了世俗饮茶习俗，最终把它宗教化，为自己所用，而且还反过来利用饮茶来改造世俗活动，比如把世俗节日佛教化，以茶代酒介入时令习俗，五月端午节在僧堂内烧香、点菖蒲茶，九月重阳节烧香、点茱萸茶。由此增加了与世俗社会共同的话题，也加强了与世俗社会的联系。

佛教除了以茶代酒改造世俗节日，还在世俗礼仪中植入茶汤礼仪，或者是世俗对于佛的保佑的渴望而专门到寺院祈福，北宋在皇帝诞辰时文武百官到相国寺斋宴，接受茶汤礼仪。

频繁举行的高规格、繁复的茶礼需要相应的制度保障，而日常生活用茶也同样需要寺院调剂，有茶园的话很可能纳入种植蔬菜等的园主的责任范围。而寮元负责各寮的茶汤供给，水头保证开水的供给，炭头的燃料调配等等也都是茶礼顺利举行的基本保障。

三　茶汤礼仪的实践

茶汤礼仪的实施事例——迎侍尊宿：

在有德高望重的老和尚到访时，必须事先张挂接尊宿牌，鸣钟聚集僧众，至门口迎接。如果老和尚崇尚简约，那就悄然入寺。住持要在寝堂准备香烛接待，令僧鸣堂钟致意，客头报请首座率众僧行香、问询。礼毕，众僧退下，两序执事僧及寺中退职执事陪坐。烧香、吃茶后，侍者来行香、礼拜。然后尊宿带来的侍者、行者、仆从、轿夫参拜。方丈执局和参头率领众行者、仆从、轿夫依次参拜侍者。再烧香，点汤。汤礼结束后，两序执事僧和退职执事将尊宿送至客房休息。

尊宿在拜访诸僧之后，当晚住持招待尊宿。请客侍者准备好请柬，到客房插香，拜请尊宿参加特别为他设的汤礼说："方丈拜请和尚今晚到寝堂特为献汤，伏望慈悲赏光。"说完，呈上请柬。之后客头又说："请和尚汤礼之后就座晚餐。"于是寝堂张挂帐幕，贴出座席图示照牌，设特别陪伴席位。

届时鸣鼓行礼，让座、烧香、劝汤。汤礼结束后准备用餐。客头到客人面前邀请说："方丈请和尚今晚汤果。"再请两序执事陪伴。侍者再说："明早住持上堂致谢。"次日早上，请汤，侍者烧香，行者问安，仆从听后差遣。住持相伴吃粥后，请茶。侍者再上堂禀报，法座右边设尊宿位，半午时分，又请用点心。如果是大尊宿还会为众开示法要。

尽管近在咫尺，还是多次使用了请柬，寺院礼仪的井然、严格足以令世俗社会起敬。请柬格式如下：

当寺住持比丘某　　右某辄以今晚就

寝堂

参考文献

1.[汉]许慎：《说文解字注》，[清]段玉裁注，上海：上海古籍出版社，1981年。

2.[三国]张揖：《广雅疏证》，[清]王念孙疏证，上海：上海古籍出版社，1983年。

3.[晋]葛洪：《抱朴子外篇校笺》，杨明照校笺，北京：中华书局，1997年。

4.[唐]陆羽：《茶经》，朱自振等《中国古代茶书集成》，上海：上海文化出版社，2010年。

5.[唐]李肇：《唐国史补》，上海：上海古籍出版社，1979年。

6.[唐]白居易：《白居易集》，北京：中华书局，1979年。

7.[唐]封演：《封氏闻见记》，北京：中华书局，1985年。

8.[唐]李吉甫：《元和郡县图志》，贺次君点校，北京：中华书局，1983 年。
9.[唐] 房玄龄等撰：《晋书》，北京：中华书局，1974 年。
10.[唐] 钱起：《钱仲文集》，上海：上海古籍出版社，1993 年。
11.[唐] 郑处诲:《明皇杂录》, 田廷柱校点, 北京: 中华书局，1994 年。
12.[五代] 孙光宪：《北梦琐言》，林艾园校点，上海：上海古籍出版社，2012 年。
13.[宋] 苏轼：《苏轼文集》，北京：中华书局，1986 年。
14.[宋] 范晔撰：《后汉书》，北京：中华书局，1965 年。
15.[宋] 陆游：《老学庵笔记》，上海：上海古籍出版社，2012 年。
16.[宋] 孟元老:《东京梦华录笺注》,伊永文笺注，北京：中华书局，2006 年。
17.[宋] 吴自牧：《梦粱录》，杭州：浙江人民出版社，1980 年。
18.[宋] 叶隆礼：《契丹国志》，上海：上海古籍出版社，1985 年。
19.[宋] 袁文：《瓮牖闲评》，上海：上海古籍出版社，1985 年。
20.[宋] 赵明诚：《金石录校证》，金文明校证，桂林：广西师范大学出版社，2005 年。

21.[宋]朱彧:《萍洲可谈》,上海:上海古籍出版社,1989年。

22.[宋]张舜民:《画墁录》,北京:中华书局,1991年。

23.[元]脱脱等撰:《金史》,北京:中华书局,1975年。

24.[元]辛文房:《唐才子传校笺》,傅璇琮校笺,北京:中华书局,1989年。

25.[明]彭大翼:《山堂肆考》,上海:上海古籍出版社,2006年。

26.[明]沈德符;《万历野获编》,上海:上海古籍出版社,2012年。

27.[明]姚士麟:《见只编》卷上,上海:商务印书馆影印本,1936年。

28.[明]张岱:《陶庵梦忆》,长沙:岳麓书社,2003年。

29.[清]董诰等编:《全唐文》,北京:中华书局,1983年。

30.[清]彭定求等编:《全唐诗》,北京:中华书局,1960年。

31.[清]刘銮:《五石瓠》,台北:艺文印书馆,1972年。

32.[英]艾瑞丝·麦克法兰,[英]艾伦·麦克法兰:《绿色的黄金——茶叶的故事》,杨淑玲,沈桂凤译,汕头:汕头大学出版社,2006年。

33.[英]赫德:《这些从秦国来——中国问题论集》,叶凤美译，天津：天津古籍出版社，2005年。

34.[美]萨拉：罗斯《茶叶大盗——改变世界史的中国茶》，北京：社会科学文献出版社，2015年。

35.[日]坂本太郎：《日本史概说》，北京：商务印书馆，1992年。

36.[日]藤原冬嗣等:《文华秀丽集》,现代思潮社，1982年。

37.[日]四辻善成：《河海抄》，日本图书中心，1978年。

38.[日]小川后乐：《茶的文化史——吃茶趣味源流》，东京：文一总合出版，1980年。

39. 关剑平:《茶与中国文化》，北京:人民出版社，2001年。

40. 关剑平：《文化传播视野下的茶文化研究》，北京：中国农业出版社，2009年。

41. 黄纯艳：《宋代茶法研究》，昆明：云南大学出版社，2002年。

42. 李泽厚：《美的历程》，北京：生活·读书·新知三联书店，2014年。

43. 林士民：《青瓷与越窑》，上海：上海古籍出版社，1999年。

44. 鲁迅：《鲁迅全集》，北京：人民文学出版社，2005年。

45. 王镇恒，王广智编：《中国名茶志》，北京：中国农业出版社，2000 年。
46. 吴觉农主编：《茶经评述》，北京：中国农业出版社，1987 年。
47. 张国刚、吴莉苇：《启蒙时代欧洲的中国观：一个历史的巡礼与反思》，上海：上海古籍出版社，2006 年。

后　记

以 1990 年杭州国际茶文化研讨会（即首届中国国际茶文化研究会）为标志，我研究茶文化已经进入第 26 个年头。感谢中华文化元素丛书策划者给我这个系统地思考中国茶文化的机会，“迫使”我总结我的中国茶文化观，这让我更加清晰地认识了中国茶文化的内在价值。这是这个工作带给我的最大收获。

中国人以非凡的文化感性开发了茶叶饮料，它是如此的平凡和卓越。它融入我们的生活、身体之中，而我们对茶没有依赖感；茶也没什么存在感，成为名副其实的元素。尽管如此，一个民族一旦接触到它就无法抗拒。以效率和审美为指针，中国人进而开发了今天的六大种类数不清的茶叶品牌。效率的追求首先是为了满足全民饮茶，继而是为了满足全人类的需求。审美是为了愉悦地接受安抚焦躁不安的心情，调和失去平衡的肌体。所以中国茶以其海纳百川的胸怀让不同种族、不同宗教、不同地域、不同阶层的人们自由地以自己的方式利用它，贡献于全人类的身心健康。因此，当其他民族以一个词、一句话精准地总结、宣传自己的茶文化时，茶文化的祖国却迟迟找不到这个表述，尽管中国是个文字表述最发达的国家。

我的第一篇茶文化论文《中国茶文化的体现》(《中国茶文化大观》编辑委员会《茶文化论》，文化艺术出版社，1991 年 4 月）就是论述味觉审美在中国茶文化发展史上的重要作用。二十五年之后，不知不觉中又回到了原点。当初更多的是从中国饮食文化的总体感觉出发，今天则立足于对世界茶文化的比较。这在我的生活中几乎是绝无仅有的经历，因为我会因为没有自信而放弃第一个，然后转了一大圈做出一个绝对让自己后悔的选择。

从 2012 年 4 月 9 日第一次与长春出版社编辑胡新先生联系算起，本书的撰写时间用了三年半。虽然其中有一年去日本立命馆大学做客座教授，只字未写，但是两年半写这么一本小册子也不能不说太慢了。等到两周前才反省出症结所在，我不应该借此机会思考新内容，而应该集中精力总结旧成果。包括书的体例也是在编辑主导下沟通决定的。虽然我不太适应，但是这个体例促使我抛开习惯性思维，对于再认识中国茶有着积极的意义。

这三年里最大的变化还是换工作单位。承蒙浙江树人大学领导的理解，比较顺利地来到了浙江农林大学。当然也要感谢茶文化学院的领导，时隔多年才接受邀请。失去了一嘟噜零零碎碎的东西，没有了毫无意义的杂事，换来了自己的研究室。像大学刚毕业留校时一样，像在立命馆大学留学时一样，又可以整天埋在书堆里了，多么奢侈啊！

恩师中村乔先生再一次缔造了我的幸福，包括青木正儿先生生前藏书的一百箱和汉图书漂洋过海，在浙江农林大学的一角，面对四季变换无穷的层峦叠嶂，静静地陪伴着我。受藏书章的启发，我给我的藏书取了一个名字“后迷阳文库”。中村乔先生身上有种魏晋名士的风度，自然逍遥，不拘形骸，却简而不慢。从中村乔先生身上看到了我的理想人生。迷阳是青木正儿先生晚年爱用的雅号。我在这里找到了书酒伴人生的学统！

诶——茶缺失?! 茶是元素性的存在！

关剑平

2015 年 11 月 23 日于此此斋（面对哭泣的小树林）